Alessio Iodice

ESERCIZIARIO DI STATISTICA, vol. 1
100 esercizi svolti di Statistica descrittiva

a Sara

Ti ringrazio per aver acquistato questo libro.
Al termine della lettura avrai la possibilità di farmi sapere
la tua opinione sul volume, lasciandomi una recensione.
Buona lettura

Alessio Iodice

Indice dei capitoli

Introduzione al volume

La mia passione per la Statistica nasce quasi per caso. Grafici, medie e quant'altro iniziarono ad affascinarmi - piuttosto inaspettatamente - durante gli studi universitari (classe Scienze economiche), ma fu solamente dopo gli studi che sviluppai una profonda curiosità per le materie statistiche, a tal punto da decidere di approfondire i vari ambiti di questa vasta materia.

Negli anni seguenti cominciai a lavorare in questo campo. Diverse esperienze professionali, ma quasi tutte con un denominatore comune: un rapporto costante con gli studenti universitari. E, in effetti, questo progetto (3 eserciziari e relativi formulari) nasce dall'idea di unire due personali esigenze: da una parte la voglia di scrivere un libro (eventualità che non escludevo da anni), dall'altra il piacere di condividere parte della mia esperienza nel rapporto con gli studenti universitari.

In questo primo volume sono contenuti 100 esercizi svolti di Statistica descrittiva: 77 esercizi di Statistica univariata (nei primi 11 capitoli) e 23 di Statistica bivariata. A gennaio 2022 è stato pubblicato il secondo eserciziario (vol. 2), dedicato alla Probabilità (consultare appendice 2). Il progetto prevede anche un terzo eserciziario, sulla Statistica inferenziale (in programma).

Per ringraziare il lettore della fiducia mostrata nell'aver acquistato il mio libro, ho riservato un omaggio: un riepilogo delle principali rappresentazioni grafiche utilizzate in Statistica! Per ottenerlo occorre accedere al seguente link:

https://forms.aweber.com/form/30/1728271230.htm

Mi scuso in anticipo per eventuali errori presenti nel testo. In caso ve ne fossero, vi chiederei gentilmente di segnalarmeli all'indirizzo di posta elettronica *ecoalessio81@gmail.com*. Vi ringrazio.

Buona lettura.

Alessio Iodice

1. Distribuzioni di frequenza

ESERCIZIO 1

Si conosce il numero di cinema presenti in 10 città italiane:

$$4 \quad 5 \quad 1 \quad 3 \quad 1 \quad 2 \quad 4 \quad 1 \quad 2 \quad 2$$

Ricavare le distribuzioni statistiche del carattere.

SOLUZIONE

Il numero di cinema osservato costituisce la *variabile statistica* (o *carattere statistico*), che possiamo indicare con X. Si tratta di una variabile statistica *quantitativa*, poiché le *modalità* con cui si manifesta sono dei valori (i numeri forniti dal testo); più precisamente, è una variabile statistica quantitativa *discreta*, in quanto le sue modalità sono frutto di un *processo di conteggio* (quanti cinema?), in altre parole coincidono con i *numeri naturali* ($\mathbb{N}$).

I dati su riportati sono i *dati grezzi* di X, che indichiamo con x_i (si utilizza il pedice *i* come indice): siamo di fronte a una *distribuzione unitaria*. Ad esempio, il primo valore della distribuzione ci dice che nella prima città osservata sono stati rilevati 4 cinema:

$$x_{i=1} = 4$$

o più brevemente:

$$x_1 = 4$$

La somma dei dati grezzi rilevati ci dice anche qual è la numerosità della *popolazione statistica* (o *collettivo*), da intendersi come somma delle *unità statistiche* (o *unità elementari*) in corrispondenza delle quali è stato rilevato il carattere. In questo caso, abbiamo un collettivo formato da 10 unità (10 città):

$$N = 10$$

Una migliore organizzazione dei dati raccolti richiede poi il passaggio da una distribuzione per unità a una *distribuzione statistica* (o *distribuzione di frequenza*), la quale associa invece alle *k* modalità distinte del carattere il numero di volte che dette modalità si presentano nel collettivo: sono le *frequenze assolute*, che indichiamo con n_j (adesso si utilizza il pedice *j* come indice). In questo caso, si contano 5 valori distinti nella distribuzione unitaria:

$$k = 5$$

Ricaviamo le frequenze assolute con una semplice operazione di conteggio:

x_j	1	2	3	4	5
n_j	3	3	1	2	1

dove:

$$n_{j=1} = 3 \qquad n_{j=2} = 3 \qquad n_{j=3} = 1 \qquad n_{j=4} = 2 \qquad n_{j=5} = 1$$

o più brevemente:

$$n_1 = 3 \qquad n_2 = 3 \qquad n_3 = 1 \qquad n_4 = 2 \qquad n_5 = 1$$

La somma delle frequenze assolute coincide col numero di unità:

$$\sum_{j=1}^{k=5} n_j = n_1 + n_2 + n_3 + n_4 + n_5 = 3 + 3 + 1 + 2 + 1 = 10 = N$$

Le frequenze assolute possono poi essere riportate sotto forma di decimali (*frequenze relative*), dividendo le frequenze assolute per la numerosità dei dati, o come percentuale (*frequenze percentuali*), moltiplicando le frequenze relative per 100:

$$f_j = \frac{n_j}{N} \qquad p_j = f_j 100$$

Calcoliamo le frequenze relative:

$$f_1 = \frac{n_1}{N} = \frac{3}{10} = 0,3$$

$$f_2 = \frac{n_2}{N} = \frac{3}{10} = 0,3$$

$$f_3 = \frac{n_3}{N} = \frac{1}{10} = 0,1$$

$$f_4 = \frac{n_4}{N} = \frac{2}{10} = 0,2$$

$$f_5 = \frac{n_5}{N} = \frac{1}{10} = 0,1$$

Calcoliamo infine le frequenze percentuali:

$$p_1 = f_1 100 = 0,3 \cdot 100 = 30$$

$$p_2 = f_2 100 = 0,3 \cdot 100 = 30$$

$$p_3 = f_3 100 = 0,1 \cdot 100 = 10$$

$$p_4 = f_4 100 = 0,2 \cdot 100 = 20$$

$$p_5 = f_5 100 = 0,1 \cdot 100 = 10$$

Il totale delle frequenze relative è pari a 1, la somma delle frequenze percentuali è pari a 100:

$$\sum_{j=1}^{k=5} f_j = f_1 + f_2 + f_3 + f_4 + f_5 = 0,3 + 0,3 + 0,1 + 0,2 + 0,1 = 1$$

$$\sum_{j=1}^{k=5} p_j = p_1 + p_2 + p_3 + p_4 + p_5 = 30 + 30 + 10 + 20 + 10 = 100$$

Si ottengono pertanto le seguenti distribuzioni statistiche:

x_j	1	2	3	4	5
n_j	3	3	1	2	1
f_j	0,3	0,3	0,1	0,2	0,1
p_j	30	30	10	20	10

Ad esempio, le frequenze in corrispondenza della prima colonna ci dicono che le città italiane con 1 solo cinema sono 3, e che queste rappresentano il 30% del totale (0,3 in termini decimali).

ESERCIZIO 2

Ricavare le frequenze assolute per i seguenti 40 pesi (in kg):

2,460	4,601	3,506	3,184	5,123	3,768	2,985	3,583
3,623	4,265	2,933	2,589	3,865	3,971	4,736	4,667
2,690	3,740	3,210	4,981	2,278	5,589	2,844	3,838
3,078	3,471	4,684	3,506	2,050	4,121	4,277	3,594
3,919	3,111	2,900	3,777	3,645	3,108	3,377	3,755

SOLUZIONE

Il carattere peso (espresso in kg) è una variabile statistica quantitativa *continua*, le sue modalità infatti sono frutto di un *processo di misurazione*, in altre parole esse coincidono con i *numeri reali* ($\mathbb{R}$).
Trattandosi di carattere continuo con molti valori rilevati, è opportuno suddividere prima in k *classi di modalità* (*discretizzazione*), che siano contigue, disgiunte ed esaustive. Si può ricorrere alle seguenti formule:

$$\sqrt{N} = \sqrt{40} \cong 6,325$$

$$1 + 3,322 \log_{10} N = 1 + 3,322 \cdot \log_{10} 40 \cong 6,322$$

dove $\log_{10} N$ indica il logaritmo in base 10 di N. Possiamo quindi raggruppare i dati in $k = 6$ *classi equiampie*. Per l'*ampiezza* (h) si ha:

$$\frac{x_{max} - x_{min}}{k} = \frac{5,589 - 2,05}{6} = 0,59$$

dove x_{max} e x_{min} costituiscono rispettivamente il *valore massimo* e il *valore minimo* della distribuzione. Scegliamo dunque 6 classi di ampiezza $h = 0,6$. Chiaramente, ogni ampiezza sarà pari alla differenza tra l'*estremo superiore* e l'*estremo inferiore* della classe:

$$h_j = x_{j+1} - x_j$$

Si ottiene la seguente distribuzione di frequenze (il simbolo $\dashv$ indica che l'estremo inferiore è escluso, mentre quello superiore è incluso):

x_j	2,0 $\dashv$ 2,6	2,6 $\dashv$ 3,2	3,2 $\dashv$ 3,8	3,8 $\dashv$ 4,4	4,4 $\dashv$ 5,0	5,0 $\dashv$ 5,6
n_j	4	9	13	7	5	2

ESERCIZIO 3

Ricavare le distribuzioni di frequenze cumulate per i seguenti dati:

2 2 3 4 4 4 3 2 5 4 4 4

SOLUZIONE

Oltre alle frequenze standard (esercizi precedenti), che possiamo ora etichettare come *frequenze semplici*, è possibile ricavare anche le *frequenze cumulate*, sommando alla frequenza osservata in corrispondenza di una data unità tutte le frequenze associate alle unità precedenti nell'ordinamento; si indicano con la stessa lettera utilizzata per le frequenze semplici, ma in versione maiuscola.

Riportiamo la tabella delle distribuzioni semplici (già calcolate):

x_j	2	3	4	5
n_j	3	2	6	1
f_j	0,250	0,167	0,500	0,083
p_j	25,0	16,7	50,0	8,3

Per il calcolo delle *frequenze assolute cumulate* si ricorre alle seguenti formule:

$$N_j = \sum_{h=1}^{j} n_h = n_j + N_{j-1}$$

Ad esempio, la frequenza assoluta cumulata per $x_3 = 4$ è:

$$N_3 = \sum_{h=1}^{j=3} n_h = n_1 + n_2 + n_3 = 3 + 2 + 6 = 11$$

o in alternativa:

$$N_3 = n_3 + N_2 = 6 + 5 = 11$$

Per quanto riguarda invece le *frequenze relative cumulate*, le formule sono le seguenti:

$$F_j = \sum_{h=1}^{j} f_h = f_j + F_{j-1} = \frac{N_j}{N}$$

La frequenza relativa cumulata associata alla modalità $x_3 = 4$ è:

$$F_3 = \sum_{h=1}^{j=3} f_h = f_1 + f_2 + f_3 = 0,25 + 0,167 + 0,5 = 0,917$$

o in alternativa:

$$F_3 = f_3 + F_2 = 0,5 + 0,417 = 0,917$$

$$F_3 = \frac{N_3}{N} = \frac{11}{12} = 0,917$$

Infine, per le *frequenze percentuali cumulate* le formule sono:

$$P_j = \sum_{h=1}^{j} p_h = p_j + P_{j-1} = F_j 100$$

La frequenza percentuale cumulata associata alla modalità $x_3 = 4$ è:

$$P_3 = \sum_{h=1}^{j=3} p_h = p_1 + p_2 + p_3 = 25 + 16,7 + 50 = 91,7$$

o in alternativa:

$$P_3 = p_3 + P_2 = 50 + 41,7 = 91,7$$

$$P_3 = F_3 100 = 0,917 \cdot 100 = 91,7$$

Le distribuzioni cumulate sono pertanto le seguenti:

x_j	2	3	4	5
N_j	3	5	11	12
F_j	0,250	0,417	0,917	1,000
P_j	25,0	41,7	91,7	100,0

Come possiamo notare, l'ultima frequenza cumulata coincide (sempre) con la somma delle frequenze semplici, rispettivamente N, 1 e 100.

ESERCIZIO 4

Sia data la seguente distribuzione di dati:

$$1 \quad 1 \quad 4 \quad 4 \quad 6 \quad 1 \quad 3 \quad 4$$

Ricavare le distribuzioni di frequenze retrocumulate.

SOLUZIONE

La logica delle *frequenze retrocumulate* è praticamente inversa a quella delle frequenze cumulate.

Anche in questo caso, riportiamo la tabella delle distribuzioni semplici (già calcolate):

x_j	1	3	4	6
n_j	3	1	3	1
f_j	0,375	0,125	0,375	0,125
p_j	37,5	12,5	37,5	12,5

Per le *frequenze assolute retrocumulate* si ricorre alle seguenti formule:

$$N^r{}_j = \sum_{h=j}^{k} n_h = n_j + N^r{}_{j+1}$$

Ad esempio, la frequenza assoluta retrocumulata per $x_2 = 3$ è:

$$N^r{}_2 = \sum_{h=2}^{k=4} n_h = n_2 + n_3 + n_4 = 1 + 3 + 1 = 5$$

o in alternativa:

$$N^r{}_2 = n_2 + N^r{}_3 = 1 + 4 = 5$$

Per le *frequenze relative retrocumulate* si usano invece le seguenti formule:

$$F^r{}_j = \sum_{h=j}^{k} f_h = f_j + F^r{}_{j+1} = \frac{N^r{}_j}{N}$$

La frequenza relativa retrocumulata associata alla modalità $x_2 = 3$ è:

$$F^r{}_2 = \sum_{h=2}^{k=4} f_h = f_2 + f_3 + f_4 = 0,125 + 0,375 + 0,125 = 0,625$$

o in alternativa:

$$F^r{}_2 = f_2 + F^r{}_3 = 0,125 + 0,5 = 0,625$$

$$F^r{}_2 = \frac{N^r{}_2}{N} = \frac{5}{8} = 0,625$$

Infine, per le *frequenze percentuali retrocumulate* le formule sono:

$$P^r{}_j = \sum_{h=j}^{k} p_h = p_j + P^r{}_{j+1} = F^r{}_j 100$$

La frequenza percentuale retrocumulata associata alla modalità $x_2 = 3$ è:

$$P^r{}_2 = \sum_{h=2}^{k=4} p_h = p_2 + p_3 + p_4 = 12,5 + 37,5 + 12,5 = 62,5$$

o in alternativa:

$$P^r{}_2 = p_2 + P^r{}_3 = 12,5 + 50 = 62,5$$

$$P^r{}_2 = F^r{}_2 100 = 0,625 \cdot 100 = 62,5$$

Le distribuzioni retrocumulate sono pertanto le seguenti:

x_j	1	3	4	6
$N^r{}_j$	8	5	4	1
$F^r{}_j$	1,000	0,625	0,500	0,125
$P^r{}_j$	100,0	62,5	50,0	12,5

Come possiamo notare, a differenza del caso cumulato, adesso l'ultima frequenza retrocumulata coincide (sempre) con l'ultima frequenza semplice, mentre la somma delle frequenze semplici (rispettivamente N, 1 e 100) si trova nella prima colonna.

2. Rappresentazioni grafiche

ESERCIZIO 5

È stata osservata la religione di appartenenza di 7 studenti:

buddista cristiana cristiana cristiana cristiana buddista induista

Rappresentare graficamente la distribuzione di frequenze assolute del carattere.

SOLUZIONE

Sia X la variabile religione di appartenenza. La sua distribuzione di frequenze assolute è:

x_j	buddista	cristiana	induista
n_j	2	4	1

La religione di appartenenza è chiaramente una *variabile statistica qualitativa*, più precisamente una variabile statistica qualitativa *nominale* (o *sconnessa*), nel senso che, date due modalità di X, si può solo affermare se queste sono uguali o diverse. La rappresentiamo con un *grafico a barre orizzontali* (o *grafico a nastri*):

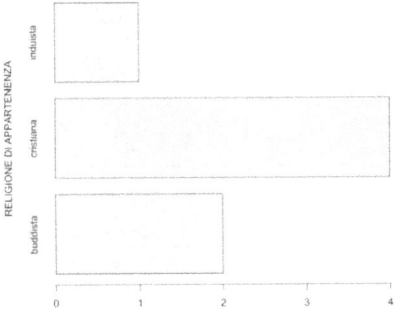

Le modalità del carattere si trovano sull'asse delle ordinate, le frequenze in ascissa. I nastri sono equidistanti.

ESERCIZIO 6

In una scuola della provincia pisana, la distribuzione degli studenti iscritti in base al genere è 41,3% maschi e 58,7% femmine.
Rappresentare graficamente la distribuzione di frequenze del carattere.

SOLUZIONE

Indichiamo con M i maschi e con F le femmine. I dati forniti dal testo fanno riferimento alle frequenze percentuali:

x_j	M	F
p_j	41,3	58,7

Il carattere genere è una variabile di tipo nominale, con sole 2 modalità, e abbiamo delle frequenze percentuali. Possiamo ricorrere a un *grafico ad anello*, anche detto *grafico a ciambella* (ma potremmo usare anche il grafico a nastri):

Per l'ampiezza dei settori, in gradi (g), si utilizza la seguente proporzione:

$$p_j 100\% = g_j 360°$$

In questo caso:

$$g_1 = \frac{p_1 360}{100} = \frac{41,3 \cdot 360}{100} = 148,68°$$

$$g_2 = \frac{p_2 360}{100} = \frac{58,7 \cdot 360}{100} = 211,32°$$

con:

$$g_1 + g_2 = 148,68° + 211,32° = 360°$$

Il grafico ad anello è una variante del *grafico a torta*, che non ha il buco al centro.

ESERCIZIO 7

Di seguito è riportato il livello di soddisfazione di 6 clienti di un negozio al dettaglio relativamente al servizio complessivamente ricevuto nel tempo dallo staff:

indeciso insoddisfatto indeciso soddisfatto indeciso indeciso

Rappresentare graficamente la distribuzione di frequenze del carattere.

SOLUZIONE

Ricaviamo la distribuzione di frequenze assolute:

x_j	insoddisfatto	indeciso	soddisfatto
n_j	1	4	1

Il livello di soddisfazione è una variabile statistica qualitativa *ordinale*, in quanto è possibile stabilire, date due modalità di X, se una viene prima o dopo l'altra; più precisamente, è una variabile ordinale *rettilinea*, perché la modalità iniziale e quella finale esistono (con un ordinamento crescente, rispettivamente $x = $ *insoddisfatto* e $x = $ *soddisfatto*), e non sono convenzionali. Utilizziamo pertanto un *grafico a barre verticali* (o *grafico a colonne*):

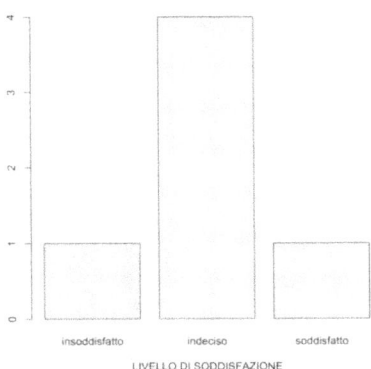

Le modalità del carattere si trovano sull'asse delle ascisse, le frequenze sulle ordinate. Le barre sono equidistanti.
Si tratta, in definitiva, di un grafico a nastri, ma con gli assi invertititi.

17

ESERCIZIO 8

La seguente distribuzione riporta il giorno settimanale preferito da 100 ragazzi per andare in discoteca:

x_j	Lun	Mar	Mer	Gio	Ven	Sab	Dom
n_j	7	8	11	8	22	32	12

Rappresentare graficamente la distribuzione statistica.

SOLUZIONE

Il giorno preferito per andare in discoteca è una variabile statistica qualitativa ordinale *ciclica*: al contrario del caso rettilineo, con le variabili cicliche la modalità iniziale e quella finale (rispettivamente $x = Lun$ e $x = Dom$) sono convenzionali, dopo la Domenica infatti si riparte con il Lunedì (la settimana successiva).
Tipico, in questi casi, è il *grafico radar*, conosciuto anche come *grafico ragno, grafico ragnatela, grafico stella, grafico in coordinate polari* o *diagramma di Kiviat* (ma potremmo usare anche il grafico a barre verticali):

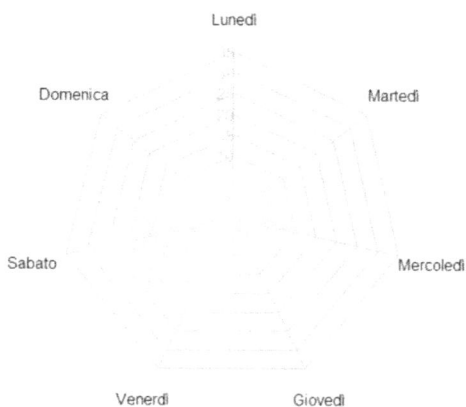

Agli angoli troviamo le modalità del carattere, ossia i giorni della settimana. In questo caso, il passaggio ad una linea più esterna si traduce in un incremento di 5 in termini di frequenze assolute.

ESERCIZIO 9

Si riporta il numero di tornei vinti da 11 squadre di tennis:

5 3 4 0 1 2 2 5 4 5 5

Rappresentare graficamente la distribuzione di frequenze assolute del carattere.

SOLUZIONE

Ricaviamo la distribuzione di frequenze assolute:

x_j	0	1	2	3	4	5
n_j	1	1	2	1	2	4

Il numero di tornei vinti è una variabile statistica quantitativa discreta (vedere esercizio 1). Anche in questo caso, possiamo ricorrere a un grafico a barre verticali (vedere esercizio 7):

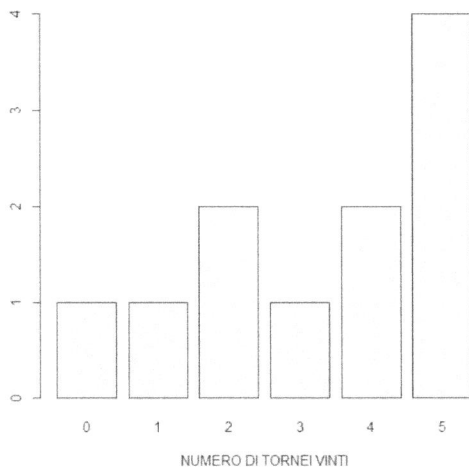

NUMERO DI TORNEI VINTI

19

ESERCIZIO 10

Si consideri la seguente distribuzione di frequenza relativa al carattere altezza (in cm) rilevato in un collettivo di bambini:

x_j	100 ⊣ 105	105 ⊣ 110	110 ⊣ 115	115 ⊣ 120
n_j	8	1	3	1

Rappresentare graficamente la distribuzione statistica.

SOLUZIONE

L'altezza è una variabile statistica quantitativa continua, in questo caso suddivisa in classi di modalità equiampie (vedere esercizio 2). Per definire gli intervalli di classe, in alternativa al simbolo ⊣ possiamo comunque ricorrere anche a parentesi o segni di disequazione, ad esempio per la prima classe si può scrivere (100; 105] (valore escluso con parentesi tonda, incluso con parentesi quadra) oppure $100 < x \leq 105$.
Un carattere continuo lo rappresentiamo con un *istogramma*:

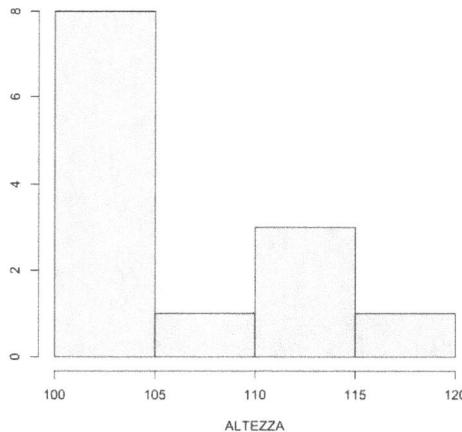

Le classi di modalità sono riportate sull'asse delle ascisse, le frequenze sulle ordinate. Le barre si trovano una accanto all'altra, e in questo caso hanno tutte la stessa ampiezza (classi equiampie).

ESERCIZIO 11

La seguente distribuzione fa riferimento al reddito medio mensile (in euro) osservato in una popolazione di impiegati italiani:

x_j	0 ⊢ 1.000	1.000 ⊢ 2.000	2.000 ⊢ 4.000	almeno 4.000
f_j	0,15	0,25	0,40	0,20

Rappresentare graficamente la distribuzione statistica.

SOLUZIONE

Il reddito medio mensile (espresso in euro) è una variabile statistica quantitativa continua, in questo caso suddivisa in *classi non equiampie*. Il grafico da utilizzare è l'istogramma.
Per prima cosa, però, occorre chiudere l'ultima classe. Non c'è una regola precisa per chiudere le *classi aperte*: possiamo scegliere di trasformarla in 4.000 ⊢ 6.000 (€ 4.000 incluso, € 6.000 escluso; € 4.000 escluso nella classe precedente). La distribuzione diviene:

x_j	0 ⊢ 1.000	1.000 ⊢ 2.000	2.000 ⊢ 4.000	4.000 ⊢ 6.000
f_j	0,15	0,25	0,40	0,20

Dopodiché, disponendo di classi non equiampie, occorre calcolare le *densità di frequenza*, che possiamo indicare con d, rapportando la frequenza semplice (in questo caso la frequenza relativa) all'ampiezza di classe:

$$d_j = \frac{f_j}{h_j}$$

Calcoliamo le ampiezze:

$$h_1 = 1.000 - 0 = 1.000$$
$$h_2 = 2.000 - 1.000 = 1.000$$
$$h_3 = 4.000 - 2.000 = 2.000$$
$$h_4 = 6.000 - 4.000 = 2.000$$

Calcoliamo ora le densità:

$$d_1 = \frac{f_1}{h_1} = \frac{0,15}{1.000} = 0,00015$$

$$d_2 = \frac{f_2}{h_2} = \frac{0,25}{1.000} = 0,00025$$

$$d_3 = \frac{f_3}{h_3} = \frac{0,4}{2.000} = 0,0002$$

$$d_4 = \frac{f_4}{h_4} = \frac{0,2}{2.000} = 0,0001$$

L'istogramma è il seguente:

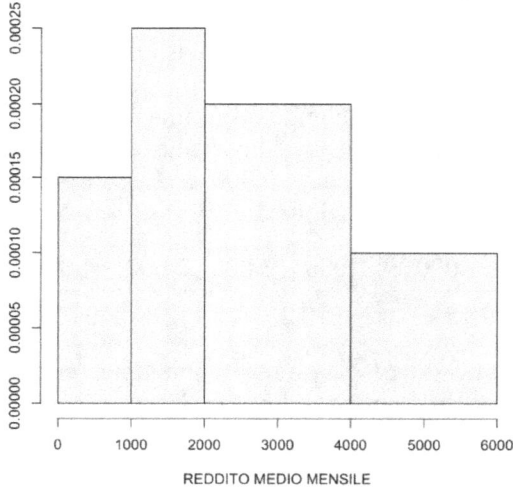

Le classi di modalità sono riportate sull'asse delle ascisse, le densità di frequenza (non le frequenze semplici) sulle ordinate. Le barre si trovano una accanto all'altra (variabile continua) ma non hanno tutte la stessa ampiezza (classi non equiampie).

ESERCIZIO 12

Rappresentare graficamente la seguente serie storica, relativa al numero di ospiti registrati mensilmente da un albergo nel 2019:

Gen	Feb	Mar	Apr	Mag	Giu	Lug	Ago	Set	Ott	Nov	Dic
112	101	107	135	168	267	289	302	216	178	199	264

SOLUZIONE

Per rappresentare la *serie storica* si utilizza un *grafico a linee* (ma potremmo usare anche un grafico a barre verticali):

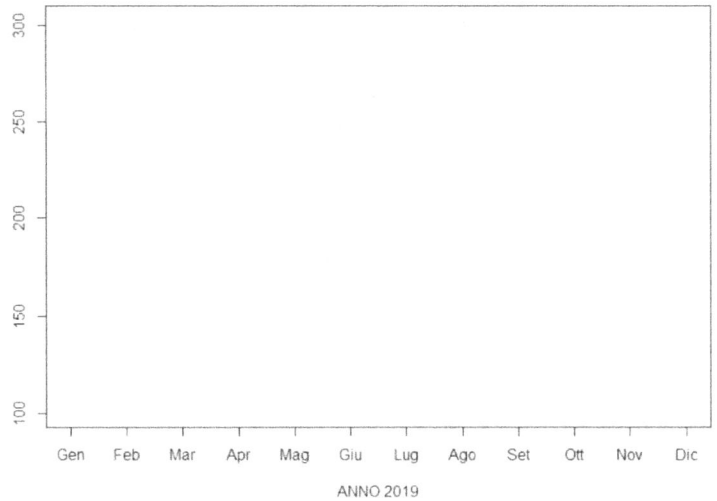

Si ricorre a un *piano cartesiano*, una rappresentazione grafica bidimensionale di un sistema di coordinate, dove ogni punto è identificato da una coppia di valori (x, y). Sull'asse delle ascisse riportiamo i mesi, a distanza costante, sull'asse delle ordinate il numero di ospiti; i pallini nel grafico sono uniti da una linea.

3. Medie analitiche

ESERCIZIO 13

La seguente distribuzione riporta il numero di film visti al cinema nelle ultime due settimane da un gruppo di amici:

6 5 1 3 2 2 6 2 2 2 4

Calcolare il numero medio di film visti.

SOLUZIONE

In generale, le *medie* (o *indici di posizione* o *di centralità* o *di tendenza centrale*) possono essere suddivise in due gruppi. Una prima tipologia è rappresentata dalle *medie analitiche* (o *ferme*), quelle che, per il calcolo, richiedono l'utilizzo di tutti i dati disponibili (il carattere statistico dovrà essere chiaramente di tipo quantitativo). L'altra tipologia verrà affrontata nel capitolo 4 (medie di posizione).

In questo caso, per calcolare il numero medio di film visti possiamo ricorrere proprio a una media analitica, la *media aritmetica*, data dalla somma dei valori rapportata alla numerosità dei dati:

$$\mu = \frac{1}{N} \sum_{i=1}^{N} x_i$$

Le unità statistiche che formano il collettivo (il gruppo di amici) sono N = 11, quindi si ottiene:

$$\mu = \frac{1}{11}(6 + 5 + 1 + 3 + 2 + 2 + 6 + 2 + 2 + 2 + 4) = 3,18$$

Ciascun componente ha visto, in media, poco più di 3 film.

ESERCIZIO 14

Di seguito è riportato il reddito medio annuo (in euro) di 3 fratelli:

$$1.300 \quad x_2 \quad 1.250$$

Ricavare il reddito medio annuo del fratello corrispondente all'unità 2, sapendo che la media di X è di € 1.200.

SOLUZIONE

Sappiamo che:

$$\mu = \frac{1}{N}\sum_{i=1}^{N} x_i = \frac{1}{3}(1.300 + x_2 + 1.250) = 1.200$$

È noto che:

$$\sum_{i=1}^{N} x_i = N\mu = 3 \cdot 1.200 = 3.600$$

Pertanto:

$$x_2 = \sum_{i=1}^{N} x_i - (x_1 + x_3) = 3.600 - (1.300 + 1.250) = 1.050$$

Il reddito medio annuo del fratello corrispondente all'unità 2 è pari a € 1.050. E infatti:

$$\mu = \frac{1}{N}\sum_{i=1}^{N} x_i = \frac{1}{3}(1.300 + 1.050 + 1.250) = 1.200$$

ESERCIZIO 15

Sia data la seguente distribuzione di frequenza, relativa al numero di fratelli/sorelle osservato su un collettivo di bambini:

x_j	0	1	2	3
n_j	3	6	2	1

Calcolare la media aritmetica.

SOLUZIONE

Occorre calcolare la *media aritmetica ponderata* (o *pesata*), moltiplicando i valori per le frequenze assolute (valori pesati) e dividendo poi per la numerosità del collettivo, dato dalla somma delle frequenze:

$$\mu = \frac{1}{\sum_{j=1}^{k} n_j} \sum_{j=1}^{k} x_j n_j$$

Si ottiene:

$$\mu = \frac{1}{3+6+2+1}(0 \cdot 3 + 1 \cdot 6 + 2 \cdot 2 + 3 \cdot 1) = 1{,}083$$

Se invece, al posto delle frequenze assolute, avessimo avuto quelle relative o percentuali:

x_j	0	1	2	3
f_j	0,250	0,500	0,170	0,080
p_j	25,0	50,0	17,0	8,0

le formule da usare sarebbero state le seguenti:

$$\mu = \frac{1}{\sum_{j=1}^{k} f_j} \sum_{j=1}^{k} x_j f_j = \sum_{j=1}^{k} x_j f_j$$

$$\mu = \frac{1}{\sum_{j=1}^{k} p_j} \sum_{j=1}^{k} x_j p_j = \frac{1}{100} \sum_{j=1}^{k} x_j p_j$$

In questo caso:

$$\mu = \sum_{j=1}^{k} x_j f_j = 0 \cdot 25 + \ldots + 3 \cdot 0{,}08 = 1{,}083$$

$$\mu = \frac{1}{100} \sum_{j=1}^{k} x_j p_j = \frac{1}{100}(0 \cdot 25 + \ldots + 3 \cdot 8) = 1{,}083$$

ESERCIZIO 16

Si consideri la seguente distribuzione per classi:

x_j	20 ┤ 30	30 ┤ 35	35 ┤ 40	oltre 40
n_j	15	24	19	26

Calcolare la media aritmetica.

SOLUZIONE

È necessario, innanzitutto, chiudere l'ultima classe: scegliamo l'estremo superiore $x = 55$, trasformando così la classe "oltre 40" in 40 ┤ 55 (ma la scelta sarebbe potuta ricadere anche su un altro valore, purché scelto in modo razionale).
Occorre poi ricavare il valore centrale di ciascuna classe (sotto l'ipotesi di distribuzione uniforme all'interno delle classi), che utilizzeremo come valori di riferimento per le stesse. Si ricorre alla seguente formula:

$$c_j = \frac{x_{inf} + x_{sup}}{2}$$

Si ottiene:

$$c_1 = \frac{20 + 30}{2} = 25$$

$$c_2 = \frac{30 + 35}{2} = 32,5$$

$$c_3 = \frac{35 + 40}{2} = 37,5$$

$$c_4 = \frac{40 + 55}{2} = 47,5$$

La formula per la media aritmetica con classi è:

$$\mu = \frac{1}{\sum_{j=1}^{k} n_j} \sum_{j=1}^{k} c_j n_j = \frac{1}{N} \sum_{j=1}^{k} c_j n_j$$

Si ottiene:

$$\mu = \frac{1}{15 + 24 + 19 + 26}(25 \cdot 15 + \ldots + 47{,}5 \cdot 26) = 34{,}7$$

Se invece avessimo avuto frequenze relative o percentuali:

x_j	20 ⊣ 30	30 ⊣ 35	35 ⊣ 40	40 ⊣ 55
f_j	0,179	0,286	0,226	0,310
p_j	17,9	28,6	22,6	31,0

le formule da usare sarebbero state le seguenti:

$$\mu = \frac{1}{\sum_{j=1}^{k} f_j} \sum_{j=1}^{k} c_j f_j = \sum_{j=1}^{k} c_j f_j$$

$$\mu = \frac{1}{\sum_{j=1}^{k} p_j} \sum_{j=1}^{k} c_j p_j = \frac{1}{100} \sum_{j=1}^{k} c_j p_j$$

Pertanto:

$$\mu = 25 \cdot 0{,}179 + \ldots + 47{,}5 \cdot 0{,}31 = 34{,}7$$

$$\mu = \frac{1}{100}(25 \cdot 17{,}9 + \ldots + 47{,}5 \cdot 31) = 34{,}7$$

ESERCIZIO 17

Il fatturato annuo complessivamente registrato dalle 8 aziende di un imprenditore ammonta ad € 940.000. Un recente investimento finanziario, dallo scenario ancora incerto, potrebbe portare presto ad aumentare il fatturato di ciascuna azienda di € 15.000, oppure a farlo diminuire di € 5.000.
Calcolare il fatturato medio annuo per entrambi gli scenari ipotizzati.

SOLUZIONE

Attualmente, il fatturato medio annuo risulta:

$$\mu_{prima} = \frac{1}{N} \sum_{i=1}^{N} x_i = \frac{1}{8} 940.000 = 117.500$$

Per ricavare l'ipotetico fatturato medio post-investimento possiamo ricorrere alla *traslatività* della media aritmetica. Sotto l'ipotesi che l'investimento incrementi il fatturato delle aziende, si ottiene (sia e la somma di € 15.000 in entrata):

$$\mu_{dopo} = \mu_{prima} + e = 117.500 + 15.000 = 132.500$$

Invece, sotto l'ipotesi che l'investimento determini un decremento del fatturato delle aziende (sia u la somma di € 5.000 in uscita):

$$\mu_{dopo} = \mu_{prima} - u = 117.500 - 5.000 = 112.500$$

ESERCIZIO 18

In un team di 15 rappresentanti porta a porta, il numero di vendite complessivamente effettuate la scorsa settimana ammonta a 135 pezzi.
Calcolare il numero medio di pezzi venduti sotto le ipotesi che questa settimana ogni rappresentante raddoppi (prima ipotesi) e dimezzi (seconda ipotesi) le proprie vendite.

SOLUZIONE

Il numero medio di pezzi venduti la scorsa settimana è stato:

$$\mu_{prima} = \frac{1}{N} \sum_{i=1}^{N} x_i = \frac{1}{15} 135 = 9$$

Per ricavare il numero medio di vendite sotto le due ipotesi relative alla settimana in corso, possiamo ricorrere all'*omogeneità* della media aritmetica. Se ipotizziamo che tutti i rappresentanti raddoppino le proprie vendite, si ottiene:

$$\mu_{dopo} = \mu_{prima} \cdot 2 = 9 \cdot 2 = 18$$

Invece, sotto l'ipotesi che tutti i rappresentanti dimezzino le proprie vendite:

$$\mu_{dopo} = \frac{\mu_{prima}}{2} = \frac{9}{2} = 4,5$$

ESERCIZIO 19

Un appello universitario, con 46 iscritti, è organizzato su 2 turni: i 37 studenti italiani del 1° turno registrano un voto medio pari a 28,3, mentre i 9 studenti stranieri del 2° turno hanno un voto medio pari a 25,6. Ricavare il voto medio per l'intero appello.

SOLUZIONE

Ricorriamo all'*associatività* della media, che consente di ricavare la media generale mediante una media ponderata delle medie dei gruppi (in questo caso $h = 2$ gruppi):

$$\mu_{TOT} = \frac{1}{N} \sum_h \mu_h N_h = \frac{1}{\sum_h N_h} \sum_h \mu_h N_h$$

Si ottiene:

$$\mu_{TOT} = \frac{1}{N} (\mu_{ita} N_{ita} + \mu_{str} N_{str}) = \frac{1}{46} (28{,}3 \cdot 37 + 25{,}6 \cdot 9) = 27{,}8$$

Se, invece, avessimo avuto le numerosità relative o percentuali:

$$f_{ita} = \frac{N_{ita}}{N} = \frac{37}{46} = 0{,}804 \qquad p_{ita} = f_{ita} \cdot 100 = 0{,}804 \cdot 100 = 80{,}4$$

$$f_{str} = \frac{N_{str}}{N} = \frac{9}{46} = 0{,}196 \qquad p_{str} = f_{str} \cdot 100 = 0{,}196 \cdot 100 = 19{,}6$$

le formule da usare sarebbero state le seguenti:

$$\mu_{TOT} = \frac{1}{\sum_h f_h} \sum_h \mu_h f_h = \sum_h \mu_h f_h$$

$$\mu_{TOT} = \frac{1}{\sum_h p_h} \sum_h \mu_h p_h = \frac{1}{100} \sum_h \mu_h p_h$$

In questo caso:

$$\mu_{TOT} = 28{,}3 \cdot 0{,}804 + 25{,}6 \cdot 0{,}196 = 27{,}8$$

$$\mu_{TOT} = \frac{1}{100} (28{,}3 \cdot 80{,}4 + 25{,}6 \cdot 19{,}6) = 27{,}8$$

> ESERCIZIO 20

Sia X una variabile statistica di tipo quantitativo, con media aritmetica pari a 1. Sia inoltre Y una trasformazione lineare di X, del tipo Y = 7 + 5X. Ricavare la media aritmetica di Y.

SOLUZIONE

Per ricavare la media di Y ricorriamo alla *linearità* della media aritmetica:

$$\mu_Y = M(Y) = a + bM(X)$$

E infatti, dal momento che la media di una costante è pari alla costante stessa, ed essendo la media aritmetica un operatore di tipo lineare, si ha:

$$\mu_Y = M(7 + 5X) = M(7) + M(5X) = 7 + 5M(X) = 7 + 5\mu_X$$

Se X ha media 1, allora si ottiene:

$$\mu_Y = 7 + 5\mu_X = 7 + (5 \cdot 1) = 12$$

ESERCIZIO 21

In una società di telemarketing, il numero medio di clienti acquisiti nel 2019 dai 43 collaboratori dell'azienda è risultato 19,2.
Quanti di loro potrebbero aver acquisito almeno 25 clienti?

SOLUZIONE

Per rispondere al quesito possiamo ricorrere al *teorema di Markov* (o *disuguaglianza di Markov*), che consente di definire dei limiti per le frequenze relative.
Il teorema richiede che la variabile - qui numero di clienti acquisiti - assuma solo valori non negativi (come in questo caso). Se è nota la media, dato un qualsiasi valore $c > 0$, possiamo affermare che:

$$f(X \geq c) \leq \frac{\mu}{c}$$

In questo caso, indicando con c il numero soglia di clienti (fornito dal testo), si ha:

$$f_c = f(X \geq 25) \leq \frac{19,2}{25} = 0,768$$

In altre parole, la frequenza dei collaboratori con almeno 25 clienti sarà non superiore al 76,8%, ovverosia 33 collaboratori su 43:

$$N_c = N f_c = 43 \cdot 0,768 = 33,024$$

e infatti:

$$f_c = \frac{N_c}{N} = \frac{33,024}{43} = 0,768$$

ESERCIZIO 22

Calcolare la media troncata al 10% per la seguente distribuzione:

6,9   3,1   4,6   6,4   7,1   8,8   2,5   4,5   1,1   2,3

SOLUZIONE

La *media troncata* (o *media trimmed* o *trimmed mean*) è una media aritmetica calcolata su una distribuzione dalla quale è stata esclusa una certa percentuale di valori più piccoli (che possiamo indicare con q%) e la stessa percentuale di valori più grandi (originariamente presenti nella distribuzione).
Le unità statistiche che formano il collettivo sono N = 10. Ordiniamo la distribuzione:

1,1   2,3   2,5   3,1   4,5   4,6   6,4   6,9   7,1   8,8

Scarteremo il 10% dei dati più piccoli e il 10% di quelli più grandi (q% = 10, in termini decimali $q = 0,1$), il che significa scartare $k = 2$ osservazioni (i valori più piccolo e più grande):

$$k = 2(Nq) = 2(10 \cdot 0,1) = 2$$

Rimuoviamo quindi dal calcolo i 2 valori più estremi nell'ordinamento, quello più piccolo e quello più grande:

~~1,1~~   2,3   2,5   3,1   4,5   4,6   6,4   6,9   7,1   ~~8,8~~

Media aritmetica troncata al 10%:

$$\mu_{tr(10)} = \frac{1}{N-k} \sum_{i=3}^{N-2} x_i = \frac{1}{10-2}(2,3 + 2,5 + \ldots + 6,9 + 7,1) = 4,675$$

ESERCIZIO 23

Sia data la seguente distribuzione di dati:

$$2 \quad 4 \quad 3 \quad 5 \quad 6 \quad 7 \quad 3 \quad 3 \quad 5 \quad 5$$

Calcolare la media quadratica.

SOLUZIONE

La *media quadratica* è data dalla radice quadrata della media aritmetica del quadrato dei valori. La sua formula per le distribuzioni unitarie pertanto è:

$$Q = \sqrt{\frac{1}{N} \sum_{i=1}^{N} x_i^2}$$

Applicando la formula si ottiene:

$$Q = \sqrt{\frac{1}{10}(2^2 + 4^2 + \dots + 5^2 + 5^2)} = 4,7$$

ESERCIZIO 24

Calcolare la media quadratica della seguente distribuzione statistica:

x_j	0	1	2	3
n_j	2	2	3	1

SOLUZIONE

Occorre calcolare la *media quadratica ponderata* (o *pesata*):

$$Q = \sqrt{\frac{1}{\sum_{j=1}^{k} n_j} \sum_{j=1}^{k} x_j^2 n_j} = \sqrt{\frac{1}{N} \sum_{j=1}^{k} x_j^2 n_j}$$

Si ottiene:

$$Q = \sqrt{\frac{1}{2+2+3+1} (0^2 2 + 1^2 2 + 2^2 3 + 3^2 1)} = 1,7$$

Per quanto riguarda invece i casi con frequenze relative o percentuali:

x_j	0	1	2	3
f_j	0,250	0,250	0,375	0,125
p_j	25,0	25,0	37,5	12,5

$$Q = \sqrt{\frac{1}{\sum_{j=1}^{k} f_j} \sum_{j=1}^{k} x_j^2 f_j} = \sqrt{\sum_{j=1}^{k} x_j^2 f_j} = \sqrt{0^2 0,25 + \dots} = 1,7$$

$$Q = \sqrt{\frac{1}{\sum_{j=1}^{k} p_j} \sum_{j=1}^{k} x_j^2 p_j} = \sqrt{\frac{1}{100} \sum_{j=1}^{k} x_j^2 p_j} = \sqrt{\frac{1}{100} (0^2 25 + \dots)} = 1,7$$

ESERCIZIO 25

Si consideri la seguente distribuzione di frequenza per classi:

x_j	10 ⊣ 20	20 ⊣ 30	30 ⊣ 40	40 ⊣ 50
n_j	20	14	21	10

Calcolare la media quadratica di X.

SOLUZIONE

Occorre, innanzitutto, ricavare i valori centrali delle classi (sotto l'ipotesi di distribuzione uniforme all'interno delle stesse):

$$c_1 = \frac{10 + 20}{2} = 15$$

$$c_2 = \frac{20 + 30}{2} = 25$$

$$c_3 = \frac{30 + 40}{2} = 35$$

$$c_4 = \frac{40 + 50}{2} = 45$$

La formula per la media quadratica con classi è:

$$Q = \sqrt{\frac{1}{\sum_{j=1}^{k} n_j} \sum_{j=1}^{k} c_j^2 n_j} = \sqrt{\frac{1}{N} \sum_{j=1}^{k} c_j^2 n_j}$$

Si ottiene:

$$Q = \sqrt{\frac{1}{20 + 14 + 21 + 10} (15^2 20 + \ldots + 45^2 10)} = 30,19$$

Se invece avessimo avuto frequenze relative o percentuali:

x_j	$10 \dashv 20$	$20 \dashv 30$	$30 \dashv 40$	$40 \dashv 50$
f_j	0,308	0,215	0,323	0,154
p_j	30,8	21,5	32,3	15,4

le formule da usare sarebbero state le seguenti:

$$Q = \sqrt{\frac{1}{\sum_{j=1}^{k} f_j} \sum_{j=1}^{k} c_j^2 f_j} = \sqrt{\sum_{j=1}^{k} c_j^2 f_j}$$

$$Q = \sqrt{\frac{1}{\sum_{j=1}^{k} p_j} \sum_{j=1}^{k} c_j^2 p_j} = \sqrt{\frac{1}{100} \sum_{j=1}^{k} c_j^2 p_j}$$

Pertanto:

$$Q = \sqrt{15^2 0,308 + 25^2 0,215 + 35^2 0,323 + 45^2 0,154} = 30,19$$

$$Q = \sqrt{\frac{1}{100}(15^2 30,8 + 25^2 21,5 + 35^2 32,3 + 45^2 15,4)} = 30,19$$

ESERCIZIO 26

Una persona percorre in auto una distanza di 2 km: 1 km alla velocità di 55 km/h e 1 km alla velocità di 45 km/h.
Calcolare la velocità media del percorso.

SOLUZIONE

Per ricavare la velocità media occorre calcolare la *media armonica*, un indice di posizione tipicamente utilizzato con grandezze inversamente proporzionali tra loro (come, in questo caso, velocità e tempo):

$$H = \frac{N}{\sum_{i=1}^{N} \frac{1}{x_i}}$$

Si ottiene:

$$H = \frac{2}{\frac{1}{55} + \frac{1}{45}} = \frac{2}{0,0404} = 49,5$$

Possiamo osservare come, in generale, la velocità (v) sia data, per definizione, dal rapporto tra lo spazio percorso (s) e il tempo impiegato (t):

$$v = \frac{s}{t}$$

e, di conseguenza:

$$t = \frac{s}{v}$$

Lo spazio percorso è $s = 2$ km (il numeratore della formula della media armonica), mentre il tempo impiegato (t) sarà dato dalla somma dei singoli tempi (il denominatore della formula):

$$t = t_1 + t_2 = \frac{s_1}{v_1} + \frac{s_2}{v_2} = \frac{1\ km}{55\ km/h} + \frac{1\ km}{45\ km/h} = 0,0404\ h$$

Pertanto:

$$\bar{v} = \frac{s}{t} = \frac{2\ km}{0,0404\ h} = 49,5\ km/h$$

ESERCIZIO 27

Sia data la seguente distribuzione di frequenza:

x_j	30	20	10	15
n_j	4	3	1	2

Calcolare la media armonica.

SOLUZIONE

Occorre calcolare la *media armonica ponderata* (o *pesata*). La formula con frequenze assolute è:

$$H = \frac{N}{\sum_{j=1}^{k} \frac{n_j}{x_j}} = \frac{\sum_{j=1}^{k} n_j}{\sum_{j=1}^{k} \frac{n_j}{x_j}}$$

Si ottiene:

$$H = \frac{7}{\frac{4}{30} + \frac{3}{20} + \frac{1}{10} + \frac{2}{15}} = 19,36$$

Se invece avessimo avuto frequenze relative o percentuali:

x_j	30	20	10	15
f_j	0,4	0,3	0,1	0,2
p_j	40	30	10	20

le formule da usare sarebbero state le seguenti:

$$H = \frac{\sum_{j=1}^{k} f_j}{\sum_{j=1}^{k} \frac{f_j}{x_j}} = \frac{1}{\sum_{j=1}^{k} \frac{f_j}{x_j}}$$

$$H = \frac{\sum_{j=1}^{k} p_j}{\sum_{j=1}^{k} \frac{p_j}{x_j}} = \frac{100}{\sum_{j=1}^{k} \frac{p_j}{x_j}}$$

Pertanto:

$$H = \cfrac{1}{\frac{0,4}{30} + \frac{0,3}{20} + \frac{0,1}{10} + \frac{0,2}{15}} = 19,36$$

$$H = \cfrac{100}{\frac{40}{30} + \frac{30}{20} + \frac{10}{10} + \frac{20}{15}} = 19,36$$

ESERCIZIO 28

Si consideri un investimento bancario di € 1.000 con il seguente piano di rendimento quinquennale:

t	1	2	3	4	5
i	8%	3%	6%	7%	5%

Calcolare il tasso fisso d'interesse che consente di determinare una rendita costante per l'intero quinquennio e ricavare il montante alla fine del 5° anno.

SOLUZIONE

Si tratta di un piano di investimento in 5 anni a tasso variabile. Per ricavare quel particolare tasso fisso d'interesse utile a determinare una rendita costante per il periodo di investimento occorre passare per la *media geometrica*, mediante la seguente formula:

$$G = \sqrt[N]{\prod_{i=1}^{N}(1 + i_i)}$$

o in alternativa:

$$G = [\prod_{i=1}^{N}(1 + i_i)]^{\frac{1}{N}}$$

Si ottiene:

$$G = \sqrt[N]{\prod_{i=1}^{N}(1 + i_i)} = \sqrt[5]{(1 + 0,08) \cdot \, ... \, \cdot (1 + 0,05)} = 1,05786$$

$$G = [\prod_{i=1}^{N}(1 + i_i)]^{\frac{1}{N}} = [(1 + 0,08) \cdot \, ... \, \cdot (1 + 0,05)]^{\frac{1}{5}} = 1,05786$$

Il tasso fisso d'interesse si ricava dalla media geometrica:

$$\bar{\imath} = G - 1 = 1{,}05786 - 1 = 0{,}05786 \rightarrow 5{,}79\%$$

Sappiamo che il montante relativo a un'unità monetaria dopo t anni risulta:

$$(1 + i)^t$$

pertanto, il montante a fine investimento, cioè il capitale finanziario alla fine del periodo al netto degli interessi, sarà (sia c il generico capitale finanziario):

$$c_{t=N} = c_{t=0}(1 + i_1) \cdot \ldots \cdot (1 + i_N)$$

In questo caso, si ha:

$$c_5 = c_0(1 + i_1)(1 + i_2)(1 + i_3)(1 + i_4)(1 + i_5)$$

ossia:

$$c_5 = 1.000(1 + 0{,}08) \cdot \ldots \cdot (1 + 0{,}05) = € 1.324{,}8$$

E infatti, applicando i tassi variabili ai vari anni:

$$c_0 = 1.000$$

$$c_1 = c_0(1 + i_1) = 1.000(1 + 0{,}08) = 1.080$$

$$c_2 = c_1(1 + i_2) = 1.080(1 + 0{,}03) = 1.112{,}4$$

$$c_3 = c_2(1 + i_3) = 1.112{,}4(1 + 0{,}06) = 1.179{,}14$$

$$c_4 = c_3(1 + i_4) = 1.179{,}14(1 + 0{,}07) = 1.261{,}68$$

$$c_5 = c_4(1 + i_5) = 1.261{,}68(1 + 0{,}05) = 1.324{,}8$$

o in alternativa:

$$c_0 = 1.000$$

$$c_1 = c_0 + c_0 i_1 = 1.000 + (1.000 \cdot 0{,}08) = 1.080$$

$$c_2 = c_1 + c_1 i_2 = 1.080 + (1.080 \cdot 0{,}03) = 1.112{,}4$$

$$c_3 = c_2 + c_2 i_3 = 1.112{,}4 + (1.112{,}4 \cdot 0{,}06) = 1.179{,}14$$

$$c_4 = c_3 + c_3 i_4 = 1.179{,}14 + (1.179{,}14 \cdot 0{,}07) = 1.261{,}68$$

$$c_5 = c_4 + c_4 i_5 = 1.261{,}68 + (1.261{,}68 \cdot 0{,}05) = 1.324{,}8$$

Il calcolo può essere comunque velocizzato applicando il coefficiente medio d'incremento, ovvero il tasso fisso d'interesse su calcolato:

$$c_{t=N} = c_{t=0}(G)^N = c_{t=0}(1 + \bar{\imath})^N$$

In questo caso, si ha:

$$c_5 = c_0(G)^5 = 1.000(1{,}05786)^5 = 1.000(1 + 0{,}05786)^5 = €\ 1.324{,}8$$

E infatti, applicando il tasso fisso ai vari anni:

$$c_0 = 1.000$$
$$c_1 = c_0(1 + \bar{\imath}) = 1.000(1 + 0{,}05786) = 1.057{,}86$$
$$c_2 = c_1(1 + \bar{\imath}) = 1.057{,}86(1 + 0{,}05786) = 1.119{,}07$$
$$c_3 = c_2(1 + \bar{\imath}) = 1.119{,}07(1 + 0{,}05786) = 1.183{,}82$$
$$c_4 = c_3(1 + \bar{\imath}) = 1.183{,}82(1 + 0{,}05786) = 1.252{,}31$$
$$c_5 = c_4(1 + \bar{\imath}) = 1.252{,}31(1 + 0{,}05786) = 1.324{,}8$$

o in alternativa:

$$c_0 = 1.000$$
$$c_1 = c_0 + c_0\bar{\imath} = 1.000 + (1.000 \cdot 0{,}05786) = 1.057{,}86$$
$$c_2 = c_1 + c_1\bar{\imath} = 1.057{,}86 + (1.057{,}86 \cdot 0{,}05786) = 1.119{,}07$$
$$c_3 = c_2 + c_2\bar{\imath} = 1.119{,}07 + (1.119{,}07 \cdot 0{,}05786) = 1.183{,}82$$
$$c_4 = c_3 + c_3\bar{\imath} = 1.183{,}82 + (1.183{,}82 \cdot 0{,}05786) = 1.252{,}31$$
$$c_5 = c_4 + c_4\bar{\imath} = 1.252{,}31 + (1.252{,}31 \cdot 0{,}05786) = 1.324{,}8$$

ESERCIZIO 29

La seguente distribuzione statistica si riferisce a un investimento bancario in 7 anni:

i	0,02	0,03	0,04
n_j	4	2	1

Calcolare il tasso di rendimento medio annuo.

SOLUZIONE

Occorre calcolare la *media geometrica ponderata* (o *pesata*). La formula è la seguente:

$$G = \sqrt[\sum_{j=1}^{k} n_j]{\prod_{j=1}^{k}(1 + i_j)^{n_j}} = \sqrt[N]{\prod_{j=1}^{k}(1 + i_j)^{n_j}}$$

o in alternativa:

$$G = [\prod_{j=1}^{k}(1 + i_j)^{n_j}]^{\frac{1}{\sum_{j=1}^{k} n_j}} = [\prod_{j=1}^{k}(1 + i_j)^{n_j}]^{\frac{1}{N}}$$

Si ottiene:

$$G = \sqrt[7]{(1 + 0,02)^4 \cdot (1 + 0,03)^2 \cdot (1 + 0,04)^1} = 1,02569$$

$$G = [(1 + 0,02)^4 \cdot (1 + 0,03)^2 \cdot (1 + 0,04)^1]^{\frac{1}{7}} = 1,02569$$

Il tasso di rendimento medio annuo si ricava dalla media geometrica:

$$\bar{i} = G - 1 = 1,02569 - 1 = 0,02569 \rightarrow 2,57\%$$

Se invece gli anni fossero stati espressi in termini relativi o percentuali:

i	0,02	0,03	0,04
f_j	0,571	0,286	0,143
p_j	57,1	28,6	14,3

le formule da usare sarebbero state le seguenti:

$$G = \sqrt[\Sigma_{j=1}^{k} f_j]{\prod_{j=1}^{k}(1+i_j)^{f_j}} = \prod_{j=1}^{k}(1+i_j)^{f_j}$$

$$G = \sqrt[\Sigma_{j=1}^{k} p_j]{\prod_{j=1}^{k}(1+i_j)^{p_j}} = \sqrt[100]{\prod_{j=1}^{k}(1+i_j)^{p_j}}$$

o in alternativa:

$$G = [\prod_{j=1}^{k}(1+i_j)^{f_j}]^{\frac{1}{\Sigma_{j=1}^{k} f_j}} = \prod_{j=1}^{k}(1+i_j)^{f_j}$$

$$G = [\prod_{j=1}^{k}(1+i_j)^{p_j}]^{\frac{1}{\Sigma_{j=1}^{k} p_j}} = [\prod_{j=1}^{k}(1+i_j)^{p_j}]^{\frac{1}{100}}$$

Ricalcolando la media geometrica:

$$G = (1+0{,}02)^{0{,}571} \cdot (1+0{,}03)^{0{,}286} \cdot (1+0{,}04)^{0{,}143} = 1{,}02569$$
$$G = \sqrt[100]{(1+0{,}02)^{57{,}1} \cdot (1+0{,}03)^{28{,}6} \cdot (1+0{,}04)^{14{,}3}} = 1{,}02569$$

mentre, con le formule alternative:

$$G = (1+0{,}02)^{0{,}571} \cdot (1+0{,}03)^{0{,}286} \cdot (1+0{,}04)^{0{,}143} = 1{,}02569$$

$$G = [(1+0{,}02)^{57{,}1} \cdot (1+0{,}03)^{28{,}6} \cdot (1+0{,}04)^{14{,}3}]^{\frac{1}{100}} = 1{,}02569$$

4. Medie di posizione

ESERCIZIO 30

La seguente distribuzione riporta il numero di giocattoli posseduti dai bambini di una classe:

$$3 \quad 5 \quad 1 \quad 3 \quad 3 \quad 2 \quad 4 \quad 1 \quad 1$$

Determinare il numero mediano di giocattoli.

SOLUZIONE

Alle medie analitiche (introdotte nel capitolo 3) si contrappongono le *medie di posizione* (o *lasche*), per la cui determinazione non è richiesto l'utilizzo di tutti i dati disponibili (a differenza di quelle analitiche).

Il testo richiede la *mediana*, il più celebre tra i *quantili*, particolari modalità del carattere che dividono la distribuzione in due parti. In particolare, la mediana è la modalità centrale nell'ordinamento, il quantile che taglia la distribuzione in due parti uguali, lasciandosi sia a sinistra che a destra il 50% dei casi (quantile di *ordine* $\alpha = 0,5$).

Per trovare la mediana, innanzitutto occorre ordinare la distribuzione:

$$1 \quad 1 \quad 1 \quad 2 \quad 3 \quad 3 \quad 3 \quad 4 \quad 5$$

Il collettivo è formato da N = 9 bambini. Con N dispari, individuiamo la posizione della mediana come segue:

$$pos_{Me} = \frac{N+1}{2} = \frac{9+1}{2} = 5 \rightarrow 5^a$$

La mediana si trova dunque in 5^a posizione nell'ordinamento. Corrisponde alla modalità $x = 3$:

$$1 \quad 1 \quad 1 \quad 2 \;\boxed{3}\; 3 \quad 3 \quad 4 \quad 5$$

In altre parole, nella classe il 50% dei bambini possiede non più di 3 giocattoli, il che implica che l'altro 50% ne ha almeno 3.

ESERCIZIO 31

La seguente distribuzione riporta il numero di studenti che fanno parte delle classi di una scuola:

23 25 19 22 27 22 24 21 21 23

Determinare il numero mediano di studenti.

SOLUZIONE

Ordiniamo la distribuzione:

19 21 21 22 22 23 23 24 25 27

Il collettivo è formato da N = 10 studenti. Con N pari, la mediana sarà data dalla semisomma dei valori che si trovano nelle posizioni centrali dell'ordinamento. Si procede come segue:

$$1^a \, pos_{Me} = \frac{N}{2} = \frac{10}{2} = 5 \rightarrow 5^a$$

$$2^a \, pos_{Me} = \frac{N}{2} + 1 = \frac{10}{2} + 1 = 6 \rightarrow 6^a$$

La mediana si trova dunque tra le posizioni 5ª e 6ª, coincide cioè con la semisomma dei valori $x_5 = 22$ e $x_6 = 23$:

19 21 21 22 (22 23) 23 24 25 27

Mediana:

$$Me = \frac{22 + 23}{2} = 22,5$$

ESERCIZIO 32

Si consideri la seguente distribuzione di frequenze assolute, riferita ai giudizi in condotta ottenuti dai 105 studenti di una scuola primaria:

x_j	sufficiente	buono	distinto	ottimo
n_j	28	21	37	19

Determinare il giudizio mediano.

SOLUZIONE

Con distribuzioni statistiche, per ricavare la mediana occorre passare per le frequenze cumulate. Ricaviamo le frequenze assolute cumulate:

x_j	sufficiente	buono	distinto	ottimo
n_j	28	21	37	19
N_j	28	49	86	105

La distribuzione cumulativa suggerisce che, nell'ordinamento, le prime 28 unità presentano la modalità "sufficiente", le unità nel range di posizioni 29-49 presentano la modalità "buono", quelle nel range 50-86 presentano la modalità "distinto" e le ultime 19 unità presentano la modalità "ottimo". La numerosità del collettivo è dispari ($N = 105$). Ricerchiamo la posizione della mediana:

$$pos_{Me} = \frac{N + 1}{2} = \frac{105 + 1}{2} = 53 \rightarrow 53^a$$

La 53^a unità si trova nel range 50-86, che si riferisce alla terza frequenza cumulata: nella distribuzione, il giudizio mediano coincide allora con la modalità "distinto":

x_j	sufficiente	buono	distinto	ottimo
n_j	28	21	37	19
N_j	28	49	86	105

In alternativa, per determinare la mediana è possibile passare anche per le frequenze relative o percentuali cumulate (anche perché il testo non

4. Medie di posizione

sempre fornisce le frequenze assolute), ricercando la modalità del carattere in corrispondenza della quale si osserva una quota cumulata di unità pari o superiore a 0,5 (o 50% in termini percentuali); in caso di più modalità che soddisfino questa ricerca, prenderemo quella che viene prima nell'ordinamento:

x_j	sufficiente	buono	distinto	ottimo
f_j	0,267	0,200	0,352	0,181
F_j	0,267	0,467	0,819	1,000
p_j	26,7	20,0	35,2	18,1
P_j	26,7	46,7	81,9	100,0

La prima modalità in corrispondenza della quale si osserva una quota cumulata di unità pari o superiore a 0,5 (nelle frequenze relative cumulate) o 50% (nelle percentuali cumulate) è in effetti "distinto":

x_j	sufficiente	buono	distinto	ottimo
f_j	0,267	0,200	0,352	0,181
F_j	0,267	0,467	0,819	1,000
p_j	26,7	20,0	35,2	18,1
P_j	26,7	46,7	81,9	100,0

ESERCIZIO 33

Si consideri la seguente distribuzione di frequenza per classi:

x_j	100 ⊣ 200	200 ⊣ 300	300 ⊣ 400	400 ⊣ 500
n_j	22	13	27	7

Determinare la mediana.

SOLUZIONE

Ricaviamo le frequenze assolute cumulate:

x_j	100 ⊣ 200	200 ⊣ 300	300 ⊣ 400	400 ⊣ 500
n_j	22	13	27	7
N_j	22	35	62	69

La distribuzione cumulativa suggerisce che, nell'ordinamento, le prime 22 unità presentano un valore compreso tra 100 (escluso) e 200 (incluso), le unità nel range di posizioni 23-35 presentano un valore compreso tra 200 (escluso) e 300 (incluso), quelle nel range 36-62 presentano un valore compreso tra 300 (escluso) e 400 (incluso) e le ultime 7 unità presentano un valore compreso tra 400 (escluso) e 500 (incluso).

La numerosità del collettivo è dispari ($N = 69$). Posizione della mediana:

$$pos_{Me} = \frac{N+1}{2} = \frac{69+1}{2} = 35 \rightarrow 35^a$$

La 35ª unità si trova nel range 23-35, che si riferisce alla seconda frequenza cumulata: la classe mediana, cioè la classe che contiene il valore mediano, è pertanto 200 ⊣ 300:

x_j	100 ⊣ 200	200 ⊣ 300	300 ⊣ 400	400 ⊣ 500
n_j	22	13	27	7
N_j	22	35	62	69

Volendo invece passare per le frequenze relative o percentuali cumulate:

x_j	100 –| 200	200 –| 300	300 –| 400	400 –| 500
f_j	0,319	0,188	0,391	0,102
F_j	0,319	0,507	0,898	1,000
p_j	31,9	18,8	39,1	10,2
P_j	31,9	50,7	89,8	100,0

La prima classe di modalità in corrispondenza della quale si osserva una quota cumulata di unità pari o superiore a 0,5 (nelle frequenze relative cumulate) o 50% (nelle percentuali cumulate) è in effetti 200 –| 300:

x_j	100 –| 200	200 –| 300	300 –| 400	400 –| 500
f_j	0,319	0,188	0,391	0,102
F_j	0,319	0,507	0,898	1,000
p_j	31,9	18,8	39,1	10,2
P_j	31,9	50,7	89,8	100,0

Per ricavare il valore mediano all'interno della classe, un possibile modo è quello di calcolare il valore centrale della classe mediana (sotto l'ipotesi di distribuzione uniforme nella stessa):

$$Me = \frac{200 + 300}{2} = 250$$

Se invece si desidera una stima meno approssimativa, si può ricorrere alla seguente formula:

$$Me = x_j + h_{Me} \cdot \frac{\frac{N}{2} - N_{Me-1}}{n_{Me}}$$

dove x_j è l'estremo inferiore della classe mediana, h_{Me} è l'ampiezza della classe mediana, N_{Me-1} è la frequenza assoluta cumulata associata alla classe immediatamente precedente a quella mediana e n_{Me} è la frequenza assoluta semplice della classe mediana. Considerando che l'ampiezza della classe mediana 200 –| 300 (ma anche delle altre classi) è 100, si ottiene:

$$Me = 200 + 100 \frac{\frac{69}{2} - 22}{13} = 296,2$$

Con frequenze relative o percentuali si utilizzano invece le seguenti formule:

$$Me = x_j + h_{Me} \frac{\alpha - F_{Me-1}}{f_{Me}}$$

$$Me = x_j + h_{Me} \frac{\alpha\% - P_{Me-1}}{p_{Me}}$$

dove F_{Me-1} e P_{Me-1} sono le frequenze rispettivamente relativa e percentuale cumulate associate alla classe immediatamente precedente a quella mediana, f_{Me} e p_{Me} sono le frequenze rispettivamente relativa e percentuale semplici della classe mediana. Si ottiene:

$$Me = 200 + 100 \frac{0,5 - 0,319}{0,188} = 296,2$$

$$Me = 200 + \frac{50 - 31,9}{18,8} = 296,2$$

ESERCIZIO 34

Si consideri la seguente distribuzione unitaria:

1 3 4 5 3 4 5 7 4 5 6 7 8 9 0 4 5 3 3 3 4 6 2 2

Determinare i quartili.

SOLUZIONE

I *quartili* sono dei particolari quantili. Sono 3 valori della distribuzione che, insieme, tagliano la stessa in 4 parti uguali ($_4Q_i$): il 1° quartile ($_4Q_1$) si lascia a sinistra il 25% delle unità nell'ordinamento (quantile di ordine α = 0,25), il 2° quartile ($_4Q_2$) si lascia a sinistra il 50% delle unità (quantile di ordine α = 0,5) e coincide con la mediana, il 3° quartile ($_4Q_3$) si lascia a sinistra il 75% delle unità (quantile di ordine α = 0,75).

Occorre innanzitutto ordinare la distribuzione:

0 1 2 2 3 3 3 3 3 4 4 4 4 5 5 5 5 6 6 7 7 8 9

Il collettivo è formato da N = 24 unità. In generale, per ricavare la posizione nell'ordinamento di un certo quantile (mediana compresa, quale caso particolare di quantile) possiamo ricorrere alla seguente formula:

$$pos_Q = \alpha N$$

dove α indica l'ordine del generico quantile Q. In questo caso si ottiene:

$$pos_{_4Q_1} = \alpha N = 0,25 \cdot 24 = 6 \rightarrow 6^a \; e \; 7^a$$

$$pos_{_4Q_2} = \alpha N = 0,5 \cdot 24 = 12 \rightarrow 12^a \; e \; 13^a$$

$$pos_{_4Q_3} = \alpha N = 0,75 \cdot 24 = 18 \rightarrow 18^a \; e \; 19^a$$

In generale, quando il risultato è un numero intero, il quantile si trova tra la posizione ottenuta e quella immediatamente successiva, mentre, quando il risultato è di tipo decimale, per trovare la posizione del quantile si arrotonda all'intero superiore.

In questo caso, i risultati indicano che il 1° quartile si trova tra le posizioni 6ª e 7ª nell'ordinamento, il 2° quartile tra le posizioni 12ª e 13ª, il 3° quartile tra le posizioni 18ª e 19ª:

0 1 2 2 3 (3 3) 3 3 4 4 (4 4) 4 5 5 5 (5 6) 6 7 7 8 9

Ricaviamo i quartili come semisomma dei due valori coinvolti:

$$\frac{\square}{4}Q_1 = \frac{3+3}{2} = 3$$

$$\frac{\square}{4}Q_2 = \frac{4+4}{2} = 4$$

$$\frac{\square}{4}Q_3 = \frac{5+6}{2} = 5,5$$

Il 1° quartile è $x = 3$, il secondo quartile è $x = 4$ (coincide con la mediana), mente il valore stimato del 3° quartile è 4,5.

ESERCIZIO 35

Ricavare il 1° quintile, il 3° decile e il 5° ventile della seguente distribuzione statistica:

x_j	10	11	12	13	14
n_j	26	16	22	11	8

SOLUZIONE

Vediamo ora altre tipologie di quantili (oltre a mediana e quartili). Per esempio, i *quintili* sono 4 valori del carattere che tagliano la distribuzione ordinata in cinque parti uguali ($_5Q_i$), i *decili* sono 9 valori che tagliano la distribuzione in dieci parti uguali ($_{10}Q_i$), i *ventili* sono 19 valori che tagliano la distribuzione in venti parti uguali ($_{20}Q_i$): il 1° quintile ($_5Q_1$) si lascia a sinistra il 20% delle unità nell'ordinamento (quantile di ordine α = 0,2), il 3° decile ($_{10}Q_3$) si lascia a sinistra il 30% delle unità (quantile di ordine α = 0,3), mentre il 5° ventile ($_{20}Q_5$) si lascia a sinistra il 25% delle unità (quantile di ordine α = 0,25) e coincide con il 1° quartile.
Occorre innanzitutto ricavare le frequenze assolute cumulate:

x_j	10	11	12	13	14
n_j	26	16	22	11	8
N_j	26	42	64	75	83

La distribuzione cumulativa suggerisce che, nell'ordinamento, le prime 26 unità presentano il valore x = 10, le unità nel range di posizioni 27-42 presentano il valore x = 11, quelle nel range 43-64 presentano il valore x = 12, quelle nel range 65-75 presentano il valore x = 13 e le ultime 8 unità presentano il valore x = 14.
La numerosità del collettivo è dispari (N = 83). Ricerchiamo la posizione dei quantili richiesti:

$$pos_{_5Q_1} = \alpha N = 0,2 \cdot 83 = 16,6 \rightarrow 17^a$$

$$pos_{_{10}Q_3} = \alpha N = 0,3 \cdot 83 = 24,9 \rightarrow 25^a$$

$$pos_{_{20}Q_5} = \alpha N = 0,25 \cdot 83 = 20,75 \rightarrow 21^a$$

Le unità in posizione 17^a, 21^a e 25^a unità si trovano tutte nel range 1-26, che si riferisce alla prima frequenza cumulata: nella distribuzione: 1° quintile, 3° decile e 5° ventile coincidono tutti con la modalità $x = 10$.

Volendo invece passare per le frequenze relative o percentuali cumulate:

x_j	10	11	12	13	14
f_j	0,313	0,193	0,265	0,133	0,096
F_j	0,313	0,506	0,771	0,904	1,000
p_j	31,3	19,3	26,5	13,3	9,6
P_j	31,3	50,6	77,1	90,4	100,0

Con riferimento ai quantili 1° quintile, 3° decile e 5° ventile, notiamo che la prima modalità in corrispondenza della quale si osserva una quota cumulata di unità pari o superiore rispettivamente a 0,2, 0,3 e 0,25 (nelle frequenze relative cumulate) o 20%, 30% e 25% (nelle percentuali cumulate) è in effetti $x = 10$:

x_j	10	11	12	13	14
f_j	0,313	0,193	0,265	0,133	0,096
F_j	0,313	0,506	0,771	0,904	1,000
p_j	31,3	19,3	26,5	13,3	9,6
P_j	31,3	50,6	77,1	90,4	100,0

ESERCIZIO 36

Si consideri la seguente distribuzione per classi:

x_j	15 ⊣ 25	25 ⊣ 35	35 ⊣ 45	45 ⊣ 55
n_j	15	10	27	49

Determinare il 71° percentile.

SOLUZIONE

Altro tipo di quantili sono i *percentili* (o *centili*). Sono 99 valori della distribuzione che, insieme, tagliano la stessa in cento parti uguali ($_{100}Q_i$): con riferimento al 71° percentile, questo ($_{100}Q_{71}$), questo si lascia a sinistra il 71% delle unità nell'ordinamento (quantile di ordine $\alpha = 0,71$).
Per determinare il quantile richiesto, innanzitutto ricaviamo le frequenze assolute cumulate:

x_j	15 ⊣ 25	25 ⊣ 35	35 ⊣ 45	45 ⊣ 55
n_j	15	10	27	49
N_j	15	25	52	101

La distribuzione cumulativa suggerisce che, nell'ordinamento, le prime 15 unità presentano un valore compreso tra 15 (escluso) e 25 (incluso), le unità nel range di posizioni 16-25 presentano un valore compreso tra 25 (escluso) e 35 (incluso), quelle nel range 26-52 presentano un valore compreso tra 35 (escluso) e 45 (incluso) e le 49 unità finali presentano un valore compreso tra 45 (escluso) e 55 (incluso).
La numerosità del collettivo è dispari (N = 101). Ricerchiamo la posizione del 71° percentile:

$$pos_{\,_{100}Q_{71}} = \alpha N = 0,71 \cdot 101 = 71,71 \rightarrow 72^a$$

Come noto, quando il risultato è di tipo decimale, per trovare la posizione del quantile si arrotonda all'intero superiore: in questo caso, i risultati indicano che il 71° percentile si trova in 72ª posizione nell'ordinamento. La 72ª unità si trova nel range 53-101, pertanto il 71° percentile è nella classe 45 ⊣ 55:

x_j	15 ⊣ 25	25 ⊣ 35	35 ⊣ 45	45 ⊣ 55
n_j	15	10	27	49
N_j	15	25	52	101

Volendo invece passare per le frequenze relative o percentuali cumulate:

x_j	15 ⊣ 25	25 ⊣ 35	35 ⊣ 45	45 ⊣ 55
f_j	0,149	0,099	0,267	0,485
F_j	0,149	0,248	0,515	1,000
p_j	14,9	9,9	26,7	48,5
P_j	14,9	24,8	51,5	100,0

La prima classe di modalità in corrispondenza della quale si osserva una quota cumulata di unità pari o superiore a 0,71 (nelle frequenze relative cumulate) o 71% (nelle percentuali cumulate) è in effetti 45 ⊣ 55:

x_j	15 ⊣ 25	25 ⊣ 35	35 ⊣ 45	45 ⊣ 55
f_j	0,149	0,099	0,267	0,485
F_j	0,149	0,248	0,515	1,000
p_j	14,9	9,9	26,7	48,5
P_j	14,9	24,8	51,5	100,0

Per ricavare il 71° percentile si può calcolare il valore centrale della classe (sotto l'ipotesi di distribuzione uniforme nella stessa):

$$_{100}Q_{71} = \frac{45 + 55}{2} = 50$$

Se invece si desidera una stima meno approssimativa, si può ricorrere alla seguente formula (valide per il generico quantile Q):

$$Q = x_j + h_Q \frac{\alpha - F_{Q-1}}{f_Q}$$

$$Q = x_j + h_Q \frac{\alpha\% - P_{Q-1}}{p_Q}$$

dove x_j è l'estremo inferiore della classe contenente il quantile Q, h_Q è l'ampiezza della classe, α è l'ordine del quantile, F_{Q-1} e P_{Q-1} indicano la frequenza rispettivamente relativa e percentuale cumulata associata alla classe immediatamente precedente a quella contenente il quantile, f_Q e p_Q indicano la frequenza rispettivamente relativa e percentuale semplice della classe contenente il quantile. Si ottiene:

$$_{100}^{\square}Q_{71} = 45 + 10\,\frac{0{,}71 - 0{,}515}{0{,}485} = 49{,}02$$

$$_{100}^{\square}Q_{71} = 45 + 10\,\frac{71 - 51{,}5}{48{,}5} = 49{,}02$$

ESERCIZIO 37

Si consideri la seguente distribuzione relativa al carattere ripartizione geografica italiana:

Nord Centro Sud Centro Nord Centro Centro Sud Centro Isole

Determinare la moda della distribuzione.

SOLUZIONE

Il carattere ripartizione geografica italiana è di tipo qualitativo sconnesso. In questi casi, la *moda* (o *norma*) corrisponde semplicemente alla modalità del carattere che ricorre più volte nel collettivo.

Come possiamo notare, la macroarea che si presenta più volte è il Centro Italia, con 5 ricorrenze. Ciò può essere facilmente osservato dalla distribuzione di frequenze assolute:

x_j	Nord	Centro	Sud	Isole
n_j	2	5	2	1

La modalità "Centro" rappresenta pertanto la moda della distribuzione.

ESERCIZIO 38

La seguente distribuzione riporta il numero di esami sostenuti nell'a.a. 2018/19 da un collettivo di studenti universitari:

x_j	0	1	2	3	4	5
n_j	1	2	4	5	3	6

Determinare la moda della distribuzione.

SOLUZIONE

Il carattere numero di esami sostenuti è di tipo quantitativo. In questi casi (ma anche con variabili qualitative ordinali), la moda corrisponde alla modalità con frequenza superiore a quella della modalità immediatamente precedente e a quella della modalità immediatamente successiva; in altre parole, la moda non può essere un valore estremo della distribuzione. Graficamente, si deve poter osservare dunque un "picco" (salita + discesa). In questo caso, la moda della distribuzione è pertanto la modalità $x = 3$ (e non $x = 5$!):

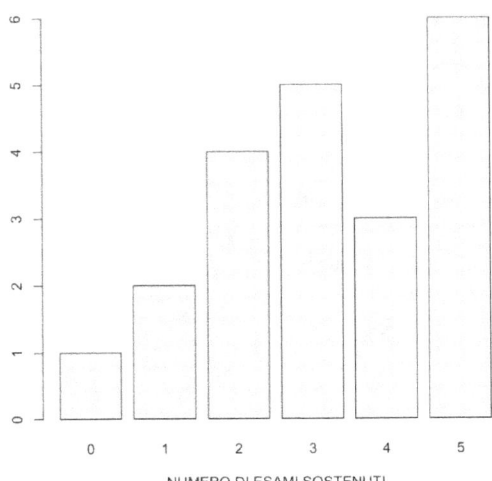

NUMERO DI ESAMI SOSTENUTI

ESERCIZIO 39

Si consideri la seguente distribuzione per classi:

x_j	0 -| 5	5 -| 10	10 -| 15	15 -| 20	20 -| 25
p_j	16,0	27,0	21,5	18,5	17,0

Ricavare il valore modale della distribuzione.

SOLUZIONE

Le classi sono equiampie (tutte di ampiezza 5). La classe che presenta la frequenza percentuale più alta è la seconda, 5 -\| 10, che corrisponde pertanto alla *classe modale*.

Per ricavare la moda all'interno della classe, un possibile modo è quello di calcolare il valore centrale (sotto l'ipotesi di distribuzione uniforme nella stessa):

$$Mo = \frac{5 + 10}{2} = 7,5$$

Se invece si desidera una stima meno approssimativa, si può ricorrere alla seguente formula:

$$Mo = x_j + h_{Mo} \frac{\Delta_{inf}}{\Delta_{inf} + \Delta_{sup}}$$

dove x_j è l'estremo inferiore della classe modale, h_{Mo} è l'ampiezza della classe modale, Δ_{inf} è la differenza nelle frequenze tra la classe modale e la classe immediatamente inferiore, Δ_{sup} è la differenza nelle frequenze tra la classe modale e la classe immediatamente successiva. Si ottiene:

$$Mo = 5 + 5 \frac{27 - 16}{(27 - 16) + (27 - 21,5)} = 8,33$$

ESERCIZIO 40

Ricavare il valore modale della seguente distribuzione per classi:

x_j	20 ⊣ 30	30 ⊣ 40	40 ⊣ 55	55 ⊣ 70
f_j	0,159	0,299	0,351	0,191

SOLUZIONE

La classe che presenta la frequenza relativa più alta sarebbe la terza, 40 ⊣ 55. Tuttavia, le classi non sono equiampie, occorre pertanto ricavare le *densità di frequenza*, rapportando le frequenze semplici (in questo caso relative) alle ampiezze delle classi. In questo caso, con frequenze relative, la formula è:

$$d_j = \frac{f_j}{h_j}$$

Ampiezze di classe:

$$h_1 = 30 - 20 = 10$$
$$h_2 = 40 - 30 = 10$$
$$h_3 = 55 - 40 = 15$$
$$h_4 = 70 - 55 = 15$$

Densità di frequenza:

$$d_1 = \frac{0,159}{10} = 0,0159$$
$$d_2 = \frac{0,299}{10} = 0,0299$$
$$d_3 = \frac{0,351}{15} = 0,0234$$
$$d_4 = \frac{0,191}{15} = 0,01273$$

La densità più elevata è quella associata alla classe 30 ⊣ 40, che costituisce pertanto la classe modale (l'analisi delle sole frequenze semplici ci avrebbe dunque tratto in errore).

Per ricavare la moda si può calcolare il valore centrale della classe (sotto l'ipotesi di distribuzione uniforme nella stessa):

$$Mo = \frac{30 + 40}{2} = 35$$

Se invece si desidera una stima meno approssimativa, si può ricorrere alla seguente formula:

$$Mo = x_j + h_{Mo} \frac{\Delta_{inf}}{\Delta_{inf} + \Delta_{sup}}$$

dove, in questo caso, Δ_{inf} è la differenza nelle densità tra la classe modale e la classe immediatamente inferiore, mentre Δ_{sup} è la differenza nelle densità tra la classe modale e la classe immediatamente superiore. Si ottiene:

$$Mo = 30 + 10 \frac{0,0299 - 0,0159}{(0,0299 - 0,0159) + (0,0299 - 0,0234)} = 36,83$$

5. Scostamenti medi

ESERCIZIO 41

La seguente distribuzione si riferisce al numero di pubblicazioni scientifiche prodotte dai ricercatori di un ateneo:

3 4 3 2 5 3 7 2 4 6 5 4 5 6 5 2

Calcolare varianza e deviazione standard.

SOLUZIONE

La *varianza* e la *deviazione standard* (quest'ultima anche *scarto quadratico medio* o *scarto tipo*) sono *indici di variabilità*, che appartengono al gruppo degli *scostamenti medi*, indicatori che misurano la tendenza delle varie modalità del carattere a disperdersi attorno a un valore medio (*dispersione*), solitamente la media aritmetica. In assenza di dispersione (distribuzione costante), gli indici assumono valore nullo.

Il collettivo è formato da N = 16 ricercatori. Calcoliamo la media aritmetica:

$$\mu = \frac{1}{N}\sum_{i=1}^{N} x_i = \frac{1}{16}(3 + 4 + 3 + \ldots + 6 + 5 + 2) = 4{,}125$$

La varianza è pari alla media degli scarti quadratici; per *scarto* (o *scostamento, deviazione*) si intende la differenza tra una modalità del carattere e la media. Il numeratore della varianza è la *devianza*, cioè la somma degli scarti quadratici:

$$dev(X) = \sum_{i=1}^{N}(x_i - \mu)^2 = (3 - 4{,}125)^2 + \ldots + (2 - 4{,}125)^2 = 35{,}75$$

A differenza della varianza, la devianza dipende chiaramente dalla numerosità dei dati. Calcoliamo allora la varianza:

$$var(X) = \sigma^2 = \frac{1}{N}dev(X) = \frac{1}{16}35{,}75 = 2{,}234$$

Dividendo la varianza per il suo massimo si ottiene un indice *normalizzato*, con valori compresi tra 0 e 1. Nel caso limite di *distribuzione massimizzante*, ovvero sotto l'ipotesi che nella distribuzione vi siano N – 1 unità con modalità nulle ed una sola unità con l'intero ammontare di X (assunzione che presuppone un carattere quantitativo trasferibile), la varianza coincide col suo valore massimo:

$$\sigma^2{}_{max} = \mu^2(N-1)$$

In questo caso, la varianza normalizzata è pari allo 0,9%:

$$\sigma^2{}_{norm} = \frac{\sigma^2}{\sigma^2{}_{max}} = \frac{2,234}{4,125^2(16-1)} = \frac{2,234}{225,234} = 0,009$$

La varianza (e quindi anche la devianza) è espressa nel quadrato dell'unità di misura del carattere (in questo caso, numero di pubblicazioni al quadrato). La deviazione standard è invece espressa su scala lineare (in questo caso, numero di pubblicazioni), dunque di migliore interpretazione. È pari alla radice quadrata della varianza:

$$\sigma = \sqrt{\sigma^2} = \sqrt{2,23} = 1,495$$

Anche in questo caso possiamo individuare il suo valore massimo teorico (nel caso di distribuzione massimizzante):

$$\sigma_{max} = \sqrt{\mu^2(N-1)} = \mu\sqrt{N-1}$$

In termini percentuali, la deviazione standard è pari al 9,4%:

$$\sigma_{norm} = \frac{\sigma}{\sigma_{max}} = \frac{1,495}{\sqrt{225,234}} = \frac{1,495}{15,976} = 0,094$$

Per comprendere bene una distribuzione è importante considerare media aritmetica e deviazione standard congiuntamente (in alcuni casi, la media da sola può risultare fuorviante).

ESERCIZIO 42

In una famiglia, 5 fratelli decidono di mettere da parte un po' di soldi per una futura vacanza. Sono note le seguenti quantità sin ora risparmiate (valori in euro):

$$\sum_{i=1}^{N=5} x_i = 1.579 \qquad \sum_{i=1}^{N=5} x_i^2 = 585.449$$

Ricavare la varianza di X.

SOLUZIONE

Possiamo ricorrere alla formula alternativa della devianza:

$$dev(X) = \sum_{i=1}^{N} x_i^2 - N(\mu)^2$$

dalla quale deriva la seguente formula della varianza:

$$\sigma^2 = \frac{1}{N} \sum_{i=1}^{N} x_i^2 - (\mu)^2$$

Si ottiene:

$$\sigma^2 = \frac{1}{5} 585.449 - \left(\frac{1}{5} 1.579\right)^2 = 17.360,16$$

Questo risultato introduce un'importante proprietà, secondo la quale la varianza è anche pari alla differenza tra il quadrato della media quadratica e il quadrato della media aritmetica:

$$\sigma^2 = Q^2 - \mu^2$$

ovvero:

$$\sigma^2 = \left(\sqrt{\frac{1}{N} \sum_{i=1}^{N} x_i^2}\right)^2 - \left(\frac{1}{N} \sum_{i=1}^{N} x_i\right)^2 = \frac{1}{N} \sum_{i=1}^{N} x_i^2 - (\frac{1}{N} \sum_{i=1}^{N} x_i)^2$$

ESERCIZIO 43

Si consideri la distribuzione di frequenze assolute riportata nella seguente tabella:

x_j	10	11	12	13	14	15
n_j	15	12	14	15	9	16

Calcolare varianza e deviazione standard.

SOLUZIONE

Calcoliamo innanzitutto la media aritmetica:

$$\mu = \frac{1}{N}\sum_{j=1}^{k} x_j = \frac{1}{15 + \ldots + 16}(10 \cdot 15 + \ldots + 15 \cdot 16) = 12,481$$

Per il calcolo della varianza, gli scarti quadratici dovranno essere chiaramente ponderati:

$$\sigma^2 = \frac{1}{\sum_{j=1}^{k} n_j} dev(X) = \frac{1}{\sum_{j=1}^{k} n_j}\sum_{j=1}^{k}(x_j - \mu)^2 n_j$$

Varianza:

$$\sigma^2 = \frac{1}{15 + \ldots + 16}[(10 - 12,481)^2 15 + \ldots] = 3,065$$

Se invece avessimo avuto frequenze relative o percentuali:

x_j	10	11	12	13	14	15
f_j	0,185	0,148	0,173	0,185	0,111	0,198
p_j	18,5	14,8	17,3	18,5	11,1	19,8

le formule da usare sarebbero state le seguenti:

$$\sigma^2 = \frac{1}{\sum_{j=1}^{k} f_j}\sum_{j=1}^{k}(x_j - \mu)^2 f_j = \sum_{j=1}^{k}(x_j - \mu)^2 f_j$$

$$\sigma^2 = \frac{1}{\sum_{j=1}^{k} p_j} \sum_{j=1}^{k} (x_j - \mu)^2 \, p_j = \frac{1}{100} \sum_{j=1}^{k} (x_j - \mu)^2 \, p_j$$

Si ottiene:

$$\sigma^2 = (10 - 12{,}481)^2 \, 0{,}185 + \; ... \; + (15 - 12{,}481)^2 \, 0{,}198 = 3{,}065$$

$$\sigma^2 = \frac{1}{100} [(10 - 12{,}481)^2 \, 18{,}5 + \; ... + (15 - 12{,}481)^2 \, 19{,}8] = 3{,}065$$

La deviazione standard risulta:

$$\sigma = \sqrt{\sigma^2} = \sqrt{3{,}065} = 1{,}751$$

ESERCIZIO 44

Calcolare la varianza della seguente distribuzione per classi:

x_j	50 ⊣ 100	100 ⊣ 200	200 ⊣ 300	300 ⊣ 400
n_j	29	11	19	23

SOLUZIONE

Occorre, innanzitutto, ricavare i valori centrali delle classi (sotto l'ipotesi di distribuzione uniforme all'interno delle stesse):

$$c_1 = \frac{50 + 100}{2} = 75$$

$$c_2 = \frac{100 + 200}{2} = 150$$

$$c_3 = \frac{200 + 300}{2} = 250$$

$$c_4 = \frac{300 + 400}{2} = 350$$

Media aritmetica:

$$\mu = \frac{1}{\sum_{j=1}^{k} n_j} \sum_{j=1}^{k} c_j n_j = \frac{1}{29 + 11 + 19 + 23} [(75 \cdot 29) + \dots] = 202,74$$

La formula per la varianza con classi è la seguente:

$$\sigma^2 = \frac{1}{\sum_{j=1}^{k} n_j} \sum_{j=1}^{k} (c_j - \mu)^2 n_j = \frac{1}{N} \sum_{j=1}^{k} (c_j - \mu)^2 n_j$$

Si ottiene:

$$\sigma^2 = \frac{1}{29 + 11 + 19 + 23} [(75 - 202,74)^2 \, 29 + \dots] = 12.743,995$$

Se invece avessimo avuto frequenze relative o percentuali:

x_j	50 ┤ 100	100 ┤ 200	200 ┤ 300	300 ┤ 400
f_j	0,354	0,134	0,232	0,280
p_j	35,4	13,4	23,2	28,0

le formule da usare sarebbero state le seguenti:

$$\sigma^2 = \frac{1}{\sum_{j=1}^{k} f_j} \sum_{j=1}^{k} (c_j - \mu)^2 f_j = \sum_{j=1}^{k} (c_j - \mu)^2 f_j$$

$$\sigma^2 = \frac{1}{\sum_{j=1}^{k} p_j} \sum_{j=1}^{k} (c_j - \mu)^2 p_j = \frac{1}{100} \sum_{j=1}^{k} (c_j - \mu)^2 p_j$$

Pertanto:

$$\sigma^2 = (75 - 202,744)^2 \, 0,354 + \ldots = 12.743,995$$

$$\sigma^2 = \frac{1}{100} [(75 - 202,744)^2 \, 35,4 + \ldots] = 12.743,995$$

La deviazione standard risulta:

$$\sigma = \sqrt{\sigma^2} = \sqrt{12.743,995} = 112,889$$

ESERCIZIO 45

Una popolazione di 89 adolescenti è composta da 48 maschi e 41 femmine. Il numero medio di ore trascorse settimanalmente davanti alla TV è rispettivamente 10 e 11,5, le varianze sono pari a 3 e 2. Ricavare la varianza per l'intera popolazione.

SOLUZIONE

La varianza generale può essere ricavata mediante una media ponderata delle varianze dei gruppi (in questo caso $h = 2$ gruppi), dette varianze *condizionate* o *parziali*:

$$\sigma^2{}_{TOT} = \frac{1}{N} \sum_h \sigma^2{}_h N_h = \frac{1}{\sum_h N_h} \sum_h \sigma^2{}_h N_h$$

Si ottiene:

$$\sigma^2{}_{TOT} = \frac{1}{N}(\sigma^2{}_M N_M + \sigma^2{}_F N_F) = \frac{1}{89}(3 \cdot 48 + 2 \cdot 41) = 2,539$$

Se, invece, avessimo avuto le numerosità relative o percentuali:

$$f_M = \frac{N_M}{N} = \frac{48}{89} = 0,539 \qquad p_M = f_M \cdot 100 = 0,539 \cdot 100 = 53,9$$

$$f_F = \frac{N_F}{N} = \frac{41}{89} = 0,461 \qquad p_F = f_F \cdot 100 = 0,461 \cdot 100 = 46,1$$

e le formule da usare sarebbero state le seguenti:

$$\sigma^2{}_{TOT} = \frac{1}{\sum_h f_h} \sum_h \sigma^2{}_h f_h = \sum_h \sigma^2{}_h f_h$$

$$\sigma^2{}_{TOT} = \frac{1}{\sum_h p_h} \sum_h \sigma^2{}_h p_h = \frac{1}{100} \sum_h \sigma^2{}_h p_h$$

E infatti:

$$\sigma^2{}_{TOT} = \sigma^2{}_M f_M + \sigma^2{}_F f_F = 3 \cdot 0,539 + 2 \cdot 0,461 = 2,539$$

$$\sigma^2{}_{TOT} = \frac{1}{100}(\sigma^2{}_M p_M + \sigma^2{}_F p_F) = \frac{1}{100}(3 \cdot 53,9 + 2 \cdot 46,1) = 2,539$$

ESERCIZIO 46

Sia X una variabile statistica di tipo quantitativo, con media aritmetica e varianza pari rispettivamente a 6 e 2,5. Sia inoltre Y una trasformazione lineare di X, del tipo Y = 1 – 4X.
Ricavare la varianza di Y.

SOLUZIONE

La varianza di Y sarà:

$$\sigma^2{}_Y = var(Y) = b^2 var(X)$$

Infatti, dal momento che la varianza di una costante è nulla, ed essendo la varianza un operatore di tipo quadratico, si ha:

$$\sigma^2{}_Y = var(1 - 4X) = var(1) - var(4X) = 0 - 4^2 var(X) = 16\sigma^2{}_X$$

Se X ha varianza 2,5, allora si ottiene:

$$\sigma^2{}_Y = 16\sigma^2{}_X = 16 \cdot 2,5 = 40$$

ESERCIZIO 47

Di seguito è riportato il numero di pasti giornalieri effettuati da 9 gatti:

$$2 \quad 2 \quad 4 \quad 3 \quad 2 \quad 3 \quad 3 \quad 3 \quad 3$$

Calcolare lo scostamento medio semplice.

SOLUZIONE

Lo *scostamento medio semplice* (o *scarto semplice medio*) si ottiene come media aritmetica delle differenze, in valore assoluto, tra i valori osservati e un indice di tendenza centrale, solitamente media aritmetica o mediana:

$$S_\mu = \frac{1}{N} \sum_{i=1}^{N} |x_i - \mu| \qquad S_\mu = \frac{1}{N} \sum_{i=1}^{N} |x_i - Me|$$

Ricaviamo innanzitutto media aritmetica:

$$\mu = \frac{1}{N} \sum_{i=1}^{N} x_i = \frac{1}{9}(2 + 2 + 4 + 3 + 2 + 3 + 3 + 3 + 3) = 2{,}778$$

e mediana:

$$pos_{Me} = \frac{N+1}{2} = \frac{9+1}{2} = 5 \rightarrow 5^a$$

$$2 \quad 2 \quad 2 \quad 3 \; \textcircled{3} \; 3 \quad 3 \quad 3 \quad 4$$

Scostamenti medi semplici dalla media aritmetica e dalla mediana:

$$S_\mu = \frac{1}{N} \sum_{i=1}^{N} |x_i - \mu| = \frac{1}{9}[|2 - 2{,}778| + \ldots + |3 - 2{,}778|] = 0{,}519$$

$$S_{Me} = \frac{1}{N} \sum_{i=1}^{N} |x_i - Me| = \frac{1}{9}[|2 - 3| + \ldots + |3 - 3|] = 0{,}444$$

Da notare la seguente relazione (sempre verificata):

$$S_\mu \geq S_{Me}$$

ESERCIZIO 48

La seguente distribuzione statistica fa riferimento al numero di corsi di formazione effettuati dai commessi di un negozio del cento di Pisa nell'ultimo anno:

x_j	0	1	2	3
n_j	2	5	1	1

Calcolare lo scostamento medio semplice dalla media aritmetica.

SOLUZIONE

In questo caso, per il calcolo dello scostamento medio semplice, gli scarti in valore assoluto dovranno essere chiaramente ponderati:

$$S_\mu = \frac{1}{N} \sum_{j=1}^{k} |x_j - \mu| n_j = \frac{1}{\sum_{j=1}^{k} n_j} \sum_{j=1}^{k} |x_j - \mu| n_j$$

Media aritmetica:

$$\mu = \frac{1}{\sum_{j=1}^{k} n_j} \sum_{j=1}^{k} x_j n_j = \frac{1}{2+5+1+1}(0 \cdot 2 + \dots + 3 \cdot 1) = 1,111$$

Scostamento medio semplice dalla media aritmetica:

$$S_\mu = \frac{1}{2+5+1+1}[|0 - 1,111|2 + \dots + |3 - 1,111|1] = 0,617$$

Se invece avessimo avuto frequenze relative o percentuali:

x_j	0	1	2	3
f_j	0,222	0,556	0,111	0,111
p_j	22,2	55,6	11,1	11,1

le formule da usare sarebbero state le seguenti:

$$S_\mu = \frac{1}{\sum_{j=1}^{k} f_j} \sum_{j=1}^{k} |x_j - \mu| f_j = \sum_{j=1}^{k} |x_j - \mu| f_j$$

$$S_\mu = \frac{1}{\sum_{j=1}^{k} p_j} \sum_{j=1}^{k} |x_j - \mu| p_j = \frac{1}{100} \sum_{j=1}^{k} |x_j - \mu| p_j$$

Pertanto:

$$S_\mu = |0 - 1{,}111|0{,}222 + \ldots + |3 - 1{,}111|0{,}111 = 0{,}617$$

$$S_\mu = \frac{1}{100} [|0 - 1{,}111|22{,}2 + \ldots + |3 - 1{,}111|11{,}1] = 0{,}617$$

ESERCIZIO 49

Di seguito è riportata la distribuzione di frequenze assolute di un carattere quantitativo X:

x_j	$200 \dashv 250$	$250 \dashv 300$	$300 \dashv 350$
n_j	83	362	176

Calcolare lo scostamento medio semplice dalla media aritmetica della distribuzione.

SOLUZIONE

Occorre, innanzitutto, ricavare i valori centrali delle classi (sotto l'ipotesi di distribuzione uniforme all'interno delle stesse):

$$c_1 = \frac{200 + 250}{2} = 225$$

$$c_2 = \frac{250 + 300}{2} = 275$$

$$c_3 = \frac{300 + 350}{2} = 325$$

Media aritmetica:

$$\mu = \frac{1}{\sum_{j=1}^{k} n_j} \sum_{j=1}^{k} c_j n_j = \frac{1}{83 + 362 + 176}[(225 \cdot 83) + \dots] = 282,5$$

La formula per lo scostamento medio semplice dalla media con classi è:

$$S_\mu = \frac{1}{\sum_{j=1}^{k} n_j} \sum_{j=1}^{k} |c_j - \mu| n_j = \frac{1}{N} \sum_{j=1}^{k} |c_j - \mu| n_j$$

Si ottiene:

$$S_\mu = \frac{1}{83 + 362 + 176}[|225 - 282,5|83 + \dots] = 24,1$$

Quando invece si dispone di frequenze relative e percentuali:

x_j	$200 \dashv 250$	$250 \dashv 300$	$300 \dashv 350$
f_j	0,134	0,583	0,283
p_j	13,4	58,3	28,3

le formule sono:

$$S_\mu = \frac{1}{\sum_{j=1}^{k} f_j} \sum_{j=1}^{k} |c_j - \mu| f_j = \sum_{j=1}^{k} |c_j - \mu| f_j$$

$$S_\mu = \frac{1}{\sum_{j=1}^{k} p_j} \sum_{j=1}^{k} |c_j - \mu| p_j = \frac{1}{100} \sum_{j=1}^{k} |c_j - \mu| p_j$$

Ricalcoliamo gli indici:

$$S_\mu = \sum_{j=1}^{k} |c_j - \mu| f_j = |225 - 282,5|0,134 + \dots] = 24,1$$

$$S_\mu = \frac{1}{100} \sum_{j=1}^{k} |c_j - \mu| p_j = \frac{1}{100} [|225 - 282,5|13,4 + \dots] = 24,1$$

ESERCIZIO 50

Si considerino le seguenti distribuzioni:

$$5 \quad 5 \quad 6 \quad 7 \quad 3 \quad 4 \quad 6 \quad 8 \quad 5 \quad 6 \quad 2 \quad 5 \quad 6 \quad 4$$

$$60,5 \quad 58,4 \quad 58,2 \quad 56,0 \quad 58,1 \quad 59,5 \quad 54,8 \quad 60,6$$

La prima fa riferimento al numero di premi vinti da un gruppo di scrittori, la seconda si riferisce invece al peso (in kg) di un collettivo di valigie. Quale è la distribuzione caratterizzata da maggiore variabilità?

SOLUZIONE

Indichiamo con X la distribuzione riferita al numero di premi vinti (la prima) e con Y quella relativa al peso. Si tratta di due distribuzioni diverse, espresse in differenti unità di misura (numero di premi vs kg), che non possono essere confrontate ad esempio mediante la deviazione standard; gli indici di dispersione sin ora esaminati sono infatti indici di *variabilità assoluta*, che dipendono dall'unità di misura del carattere e dall'ordine di grandezza.

Per il confronto, serve dunque un indice di *variabilità relativa*. Si può ricorrere al *coefficiente di variazione*, ottenuto rapportando la deviazione standard al valore assoluto della media aritmetica:

$$CV = \frac{\sigma}{|\mu|}$$

con $\mu \neq 0$. Il coefficiente di variazione è un *indice relativo*, ovvero adimensionale (privo di unità di misura), i suoi valori sono cioè numeri puri, e perciò sempre confrontabili.

Media aritmetica e deviazione standard di X:

$$\mu_X = \frac{1}{N_X} \sum_{i=1}^{N_X} x_i = \frac{1}{14}(5 + 5 + \ldots + 6 + 4) = 5,143$$

$$\sigma_X = \sqrt{\frac{1}{N_X} \sum_{i=1}^{N_X} (x_i - \mu_X)^2} = \sqrt{\frac{1}{14}[(5 - 5,143)^2 + \ldots]} = 1,505$$

81

Media aritmetica e deviazione standard di Y:

$$\mu_Y = \frac{1}{N_Y} \sum_{i=1}^{N_Y} y_i = \frac{1}{8}(60{,}5 + 58{,}4 + \ldots + 54{,}8 + 60{,}6) = 58{,}263$$

$$\sigma_Y = \sqrt{\frac{1}{N_Y} \sum_{i=1}^{N_Y} (y_i - \mu_Y)^2} = \sqrt{\frac{1}{8}[(60{,}5 - 58{,}263)^2 + \ldots]} = 1{,}909$$

Possiamo adesso calcolare i coefficienti di variazione:

$$CV_X = \frac{\sigma_X}{|\mu_X|} = \frac{1{,}505}{|5{,}143|} = 0{,}293 \qquad CV_Y = \frac{\sigma_Y}{|\mu_Y|} = \frac{1{,}909}{|58{,}263|} = 0{,}033$$

La variabile X ha il coefficiente di variazione più elevato, e pertanto è quella caratterizzata da maggiore variabilità (nonostante la deviazione standard inferiore).

Per ottenere una versione normalizzata dell'indice, è necessario relativizzare per il suo valore massimo teorico:

$$CV_{max} = \sqrt{N - 1}$$

Si ottiene:

$$CV_{X\,norm} = \frac{CV_X}{CV_{X\,max}} = \frac{CV_X}{\sqrt{N_X - 1}} = \frac{0{,}293}{\sqrt{14 - 1}} = \frac{0{,}293}{3{,}606} = 0{,}081$$

$$CV_{Y\,norm} = \frac{CV_Y}{CV_{Y\,max}} = \frac{CV_Y}{\sqrt{N_Y - 1}} = \frac{0{,}033}{\sqrt{8 - 1}} = \frac{0{,}033}{2{,}646} = 0{,}012$$

In termini percentuali, il valore del coefficiente di variazione di X è pari all'8,1%, quello di Y è dell'1,2%.

ESERCIZIO 51

Il peso medio in una popolazione di sportivi è di 74 kg, con una deviazione standard di 3 kg.
Determinare la quota di sportivi che hanno un peso che si trova a una distanza dalla media non superiore a 2 volte la deviazione standard.

SOLUZIONE

Si ricorre al *teorema di Chebyshev* (o *disuguaglianza di Chebyshev*). Gli estremi dell'intervallo simmetrico rispetto alla media sono:

$$\mu - k\sigma = 74 - 2 \cdot 3 = 68$$

$$\mu + k\sigma = 74 + 2 \cdot 3 = 80$$

Occorre pertanto ricavare la frequenza relativa di sportivi con un peso tra 68 e 80 kg:

```
         μ − 2σ              μ            μ + 2σ
-------------------------(---------------|---------------)---------------------- X
         68               74             80
```

Teorema di Chebyshev:

$$f(\mu - k\sigma \leq x_i \leq \mu + k\sigma) \geq 1 - \frac{1}{k^2}$$

Si ottiene:

$$f(68 \leq x_i \leq 80) \geq 1 - \frac{1}{2^2} = 0,75$$

Nella popolazione di sportivi, coloro che hanno un peso tra 68 e 80 kg saranno almeno il 75%.

ESERCIZIO 52

Di seguito sono riportati i risultati, in decimi, conseguiti dai bambini di 2 classi, una di soli maschi (tabella a sinistra) e l'altra di sole femmine (tabella a destra):

Giulio	8,0	Aurora	9,0
Gabriele	6,0	Ginevra	7,0
Alessio	9,5	Giulia	8,5
Leo	9,0	Gaia	10,0
Claudio	5,5	Sara	9,0
Riccardo	9,0	Angela	4,0
Antonio	9,0	Valeria	8,0
Teo	6,5	Manuela	7,0
		Rita	7,0
		Noemi	7,5
		Chiara	6,0
		Olivia	6,5

Chi, tra Leo e Sara, possiamo ritenere esser stato più meritevole?

SOLUZIONE

Sia Leo che Sara hanno preso 9, un ottimo voto. Ciononostante, per capire chi sia stato effettivamente il più meritevole - da intendersi in relazione al proprio contesto - occorre standardizzare i risultati, per rimuovere l'influenza di alcuni fattori. Il processo di *standardizzazione* trasforma la variabile voto nella corrispondente Z *standard*, mediante la seguente formula:

$$Z = \frac{x_i - \mu_X}{\sigma_X}$$

Con lo scarto dalla media (*centratura*) si tiene conto del fatto che uno dei due insegnanti potrebbe esser stato più o meno severo dell'altro nell'assegnazione delle votazioni, dopodiché si rapporta il tutto alla deviazione standard per rimuovere l'effetto della propensione degli insegnanti a concentrare le votazioni attorno alla media oppure ad impiegare tutta la scala dei voti. Una variabile standardizzata ha sempre media nulla e varianza e deviazione standard unitari, ed è priva di unità di misura (variabile adimensionale).

Siano X la variabile voto nella classe dei maschi e Y la variabile voto nella classe delle femmine. Calcoliamo le medie aritmetiche:

$$\mu_X = \frac{1}{N_X}\sum_{i=1}^{N_X} x_i = \frac{1}{8}(8 + 6 + \ldots + 9 + 6{,}5) = 7{,}813$$

$$\mu_Y = \frac{1}{N_Y}\sum_{i=1}^{N_Y} y_i = \frac{1}{12}(9 + 7 + \ldots + 6{,}0 + 6{,}5) = 7{,}458$$

Calcoliamo gli errori standard:

$$\sigma_X = \sqrt{\frac{1}{N_X}\sum_{i=1}^{N_X}(x_i - \mu_X)^2} = \sqrt{\frac{1}{8}[(8 - 7{,}813)^2 + \ldots]} = 1{,}478$$

$$\sigma_Y = \sqrt{\frac{1}{N_Y}\sum_{i=1}^{N_Y}(y_i - \mu_Y)^2} = \sqrt{\frac{1}{12}[(9 - 7{,}458)^2 + \ldots]} = 1{,}534$$

Valori standardizzati (*punti Z*):

$$z_{Leo} = z_4 = \frac{x_4 - \mu_X}{\sigma_X} = \frac{9 - 7{,}813}{1{,}478} = 0{,}803$$

$$z_{Sara} = z_5 = \frac{y_5 - \mu_Y}{\sigma_Y} = \frac{9 - 7{,}458}{1{,}534} = 1{,}005$$

Sebbene i due bambini abbiano conseguito lo stesso voto (9), se confrontiamo i voti con quelli degli altri bambini della classe, possiamo considerare il 9 di Sara di maggior prestigio (valore di Z più elevato).

ESERCIZIO 53

Sia data la seguente distribuzione di dati:

24 34 32 25 36 24 32 21 31 24 25 27 31 22 36

Determinare la deviazione mediana assoluta.

SOLUZIONE

La *deviazione mediana assoluta* (MAD) è definita come mediana degli scostamenti in valore assoluto dalla mediana della distribuzione:

$$MAD = Me|x_i - Me|$$

I dati sono N = 15. Ordiniamo la distribuzione:

21 22 24 24 24 25 25 27 31 31 32 32 34 36 36

La mediana è $x = 27$:

$$pos\ Me = \frac{N+1}{2} = \frac{15+1}{2} = 8 \rightarrow 8^a$$

21 22 24 24 24 25 25 (27) 31 31 32 32 34 36 36

Calcoliamo ora il valore assoluto degli scostamenti dalla mediana. Ad esempio, per la prima modalità si ha:

$$|x_1 - Me| = |24 - 27| = |-3| = 3$$

Si ottengono i seguenti scarti in valore assoluto:

3 7 5 2 9 3 5 6 4 3 2 0 4 5 9

Ordiniamoli:

0 2 2 3 3 3 4 4 5 5 5 6 7 9 9

Ricercando la mediana - il valore in 8^a posizione - troviamo il MAD, pari a $x = 4$:

0 2 2 3 3 3 4 (4) 5 5 5 6 7 9 9

6. Intervalli di variabilità

ESERCIZIO 54

Si consideri la seguente distribuzione di dati:

$$7 \quad 8 \quad 4 \quad 4 \quad 2 \quad 12 \quad 7 \quad 4 \quad 7 \quad 5 \quad 6$$

Ricavare campo di variazione e differenza interquartilica.

SOLUZIONE

Il *campo di variazione* (o *range*) e la *differenza interquartilica* rientrano nella classe degli *intervalli di variabilità*.
Il collettivo è formato da N = 11 unità. Ordiniamo la distribuzione:

$$2 \quad 4 \quad 4 \quad 4 \quad 5 \quad 6 \quad 7 \quad 7 \quad 7 \quad 8 \quad 12$$

Il campo di variazione è la differenza tra i valori massimo e minimo della distribuzione:

$$R = x_{max} - x_{min} = 12 - 2 = 10$$

La differenza interquartilica è invece la differenza tra il 3° e il 1° quartile:

$$pos_{\frac{1}{4}Q_1} = \alpha N = 0,25 \cdot 11 = 2,75 \rightarrow 3^a$$

$$pos_{\frac{1}{4}Q_3} = \alpha N = 0,75 \cdot 11 = 8,25 \rightarrow 9^a$$

$$2 \quad 4 \quad \boxed{4} \quad 4 \quad 5 \quad 6 \quad 7 \quad 7 \quad \boxed{7} \quad 8 \quad 12$$

$$\tfrac{1}{4}Q_1 = 4 \qquad \tfrac{1}{4}Q_3 = 7$$

Differenza interquartilica:

$$IQR = \tfrac{1}{4}Q_3 - \tfrac{1}{4}Q_1 = 7 - 4 = 3$$

Dalla differenza interquartilica si può poi ottenere la *semidifferenza interquartilica*:

$$\tfrac{1}{s}IQR = \frac{IQR}{2} = \frac{3}{2} = 1,5$$

7. Differenze medie

ESERCIZIO 55

È noto il reddito medio mensile (in migliaia di euro) di 5 imprenditori:

$$7 \quad 4 \quad 8 \quad 9 \quad 6$$

Calcolare le differenze medie semplici.

SOLUZIONE

Un altro gruppo di indici di variabilità è costituito dalle *differenze medie*, che rientrano nel gruppo degli *indici di disuguaglianza*. Le differenze medie si basano sul concetto di *mutua variabilità*, ossia la diversità (differenza) tra le modalità del carattere (tipicamente trasferibile):

$$d(x_i, x_j) = x_i - x_j$$

È possibile dunque costruire la seguente matrice delle differenze (*matrice di disuguaglianza*):

	4	6	7	8	9
4	$4 - 4 = 0$	$4 - 6 = -2$	$4 - 7 = -3$	$4 - 8 = -4$	$4 - 9 = -5$
6	$6 - 4 = +2$	$6 - 6 = 0$	$6 - 7 = -1$	$6 - 8 = -2$	$6 - 9 = -3$
7	$7 - 4 = +3$	$7 - 6 = +1$	$7 - 7 = 0$	$7 - 8 = -1$	$7 - 9 = -2$
8	$8 - 4 = +4$	$8 - 6 = +2$	$8 - 7 = +1$	$8 - 8 = 0$	$8 - 9 = -1$
9	$9 - 4 = +5$	$9 - 6 = +3$	$9 - 7 = +2$	$9 - 8 = +1$	$9 - 9 = 0$

Ad esempio, indicando con i le righe e con j le colonne, per la seconda cella della matrice (prima riga, seconda colonna) si ha:

$$d(x_{i=1}, x_{j=2}) = x_{i=1} - x_{j=2} = 4 - 6 = -2$$

Le celle in grigio formano la diagonale principale, e sono nulle in quanto una modalità viene confrontata con sé stessa. Le altre celle, sotto e sopra la diagonale, sono chiaramente simmetriche e di segno opposto.
Il numero di confronti possibili tra le modalità coincide con il numero complessivo di differenze non nulle sopra e sotto la diagonale principale:

$$N(N-1) = 5(5-1) = 5 \cdot 4 = 20$$

ovvero le 10 differenze sotto la diagonale principale e le altre 10 al di sopra. In termini di calcolo combinatorio, si tratta di *disposizioni senza ripetizione*, ossia tutti i possibili raggruppamenti di $N = 5$ elementi a gruppi di $k = 2$, ordinati e non ripetibili:

$$D_{N,k} = \frac{N!}{(N-k)!} = \frac{5!}{(5-2)!} = \frac{5!}{3!} = \frac{5 \cdot 4 \cdot \cancel{3 \cdot 2 \cdot 1}}{\cancel{3 \cdot 2 \cdot 1}} = 20$$

Cominciamo ad introdurre le differenze medie *semplici* (o *assolute*). Un primo indice che possiamo ricavare è la differenza media semplice *senza ripetizione*, calcolando la media delle differenze in valore assoluto al netto degli elementi sulla diagonale principale:

$$\Delta = \frac{1}{N(N-1)} \sum_{i \neq j=1}^{N} |x_i - x_j|$$

Si ottiene:

$$\Delta = \frac{1}{20}(|-2| + |-3| + \ldots + |2| + |1|) = 2,4$$

In verità, la matrice delle differenze può essere anche rappresentata come segue:

	4	6	7	8	9
4	$4-4=\ 0$				
6	$6-4=+2$	$6-6=\ 0$			
7	$7-4=+3$	$7-6=+1$	$7-7=\ 0$		
8	$8-4=+4$	$8-6=+2$	$8-7=+1$	$8-8=\ 0$	
9	$9-4=+5$	$9-6=+3$	$9-7=+2$	$9-8=+1$	$9-9=\ 0$

In pratica, evitiamo di riportare le differenze al di sopra della diagonale principale (quelle di valore negativo), per poi tenerne comunque conto nella seguente formula alternativa, moltiplicheremo per 2 la sommatoria. La formula del metodo diretto pertanto diviene:

$$\Delta = \frac{1}{N(N-1)} 2 \sum_{i>j=1}^{N} (x_i - x_j)$$

o in alternativa:

$$\Delta = \frac{1}{N(N-1)} 2 \sum_{i=1}^{N} x_i [2i - (N+1)]$$

E infatti:

$$\Delta = \frac{1}{20} 2(2 + 3 + 1 + 4 + 2 + 1 + 5 + 3 + 2 + 1) = 2,4$$

$$\Delta = \frac{1}{20} 2\{4[2 \cdot 1 - (5+1)] + \dots + 9[2 \cdot 5 - (5+1)]\} = 2,4$$

L'indice assume valore 0 quando tutte le unità del collettivo possiedono la stessa quantità del carattere (ciò è vero per tutti gli indici di variabilità). Per meglio interpretare il risultato ottenuto si può ricorrere alla differenza media semplice normalizzata, che si ottiene relativizzando la differenza media semplice per il suo massimo teorico, pari al doppio della media aritmetica:

$$\Delta_{norm} = \frac{\Delta}{\Delta_{max}} = \frac{\Delta}{2\mu} = \frac{\Delta}{2(\frac{1}{N}\sum_{i=1}^{N} x_i)}$$

La differenza media semplice normalizzata è pari al 17,7% (l'indice corrisponde al rapporto di concentrazione di Gini, che vedremo nel prossimo capitolo):

$$\Delta_{norm} = \frac{2,4}{2[\frac{1}{5}(4 + 6 + 7 + 8 + 9)]} = \frac{2,4}{2[6,8]} = 0,177$$

La differenza media semplice può essere calcolata anche considerando le N differenze nulle sulla diagonale principale: si tratta della differenza media semplice *con ripetizione*. Il numero di differenze nulle sulla diagonale principale coincide con il numero di dati N (in questo caso N = 5), mentre il numero di differenze è dato dal numero complessivo di celle della tabella:

$$N \cdot N = 5 \cdot 5 = 25$$

Si tratta di *disposizioni con ripetizione*, ossia tutti i possibili raggruppamenti di N = 5 elementi a gruppi di $k = 2$, ordinati e ripetibili:

$$D^{(r)}_{N,k} = N^k = 5^2 = 25$$

In questo senso, il numero di confronti possibili senza la ripetizione:

$$N(N - 1) = 20$$

poteva essere ricavato anche mediante la seguente differenza:

$$N(N - 1) = N^2 - N = 5^2 - 5 = 25 - 5 = 20$$

Con la ripetizione, la formula della differenza media diviene la seguente:

$$\Delta_r = \frac{1}{N^2} \sum_{i=j=1}^{N} (x_i - x_j)$$

oppure, se consideriamo la matrice "parziale" delle differenze:

$$\Delta_r = \frac{1}{N^2} 2 \sum_{i \geq j=1}^{N} (x_i - x_j) \qquad \Delta_r = \frac{1}{N^2} 2 \sum_{i=1}^{N} x_i [2i - (N + 1)]$$

Si ottiene:

$$\Delta_r = \frac{1}{25} (|-2| + |-3| + \ldots + |2| + |1|) = 1{,}92$$

mentre, nel caso di matrice "parziale" delle differenze:

$$\Delta_r = \frac{1}{25} 2(2 + 3 + 1 + 4 + 2 + 1 + 5 + 3 + 2 + 1) = 1{,}92$$

$$\Delta_r = \frac{1}{25} 2\{4[2 \cdot 1 - (5 + 1)] + \ldots + 9[2 \cdot 5 - (5 + 1)]\} = 1{,}92$$

Da notare la relazione che lega i due diversi indici (differenza media semplice con e senza ripetizione):

$$\Delta = \frac{N}{N - 1} \Delta_r \qquad \Delta_r = \frac{N - 1}{N} \Delta$$

ovvero:

$$2{,}4 = \frac{5}{5 - 1} 1{,}92 \qquad 1{,}92 = \frac{5 - 1}{5} 2{,}4$$

ESERCIZIO 56

Calcolare le differenze medie quadratiche per la seguente distribuzione:

2   1   0   3

SOLUZIONE

Come si può intuire, nelle *differenze medie quadratiche* le differenze sono considerate al quadrato:

$$d(x_i, x_j)^2 = (x_i - x_j)^2$$

Matrice delle differenze:

	0	1	2	3
0	$0 - 0 = 0$	$0 - 1 = -1$	$0 - 2 = -2$	$0 - 3 = -3$
1	$1 - 0 = +1$	$1 - 1 = 0$	$1 - 2 = -1$	$1 - 3 = -2$
2	$2 - 0 = +2$	$2 - 1 = +1$	$2 - 2 = 0$	$2 - 3 = -1$
3	$3 - 0 = +3$	$3 - 1 = +2$	$3 - 2 = +1$	$3 - 3 = 0$

Ad esempio, indicando con i le righe e con j le colonne, per la seconda cella della matrice (prima riga, seconda colonna) si ha:

$$d(x_{i=1}, x_{j=2}) = x_{i=1} - x_{j=2} = 0 - 1 = -1$$

La formula per la differenza media quadratica *senza ripetizione* è la seguente:

$$\Delta^2 = \sqrt{\frac{1}{N(N-1)} \sum_{i \neq j = 1}^{N} (x_i - x_j)^2}$$

mentre, nel caso di differenza media quadratica *con ripetizione*:

$$\Delta^2 = \sqrt{\frac{1}{N^2} \sum_{i = j = 1}^{N} (x_i - x_j)^2}$$

Si ottiene:

$$\Delta^2 = \sqrt{\frac{1}{4(4-1)}[(-1)^2 + (-2)^2 + \ldots + 2^2 + 1^2]} = 1{,}826$$

$$\Delta^2{}_r = \sqrt{\frac{1}{4^2}[(-1)^2 + (-2)^2 + \ldots + 2^2 + 1^2]} = 1{,}581$$

In caso invece di matrice "parziale" delle differenze:

	0	1	2	3
0	$0 - 0 = \ 0$			
1	$1 - 0 = +1$	$1 - 1 = \ 0$		
2	$2 - 0 = +2$	$2 - 1 = +1$	$2 - 2 = \ 0$	
3	$3 - 0 = +3$	$3 - 1 = +2$	$3 - 2 = +1$	$3 - 3 = \ 0$

le formule da usare sarebbero le seguenti:

$$\Delta^2 = \sqrt{\frac{1}{N(N-1)}2\sum_{i>j=1}^{N}(x_i - x_j)^2}$$

$$\Delta^2 = \sqrt{\frac{1}{N^2}2\sum_{i\geq j=1}^{N}(x_i - x_j)^2}$$

E infatti:

$$\Delta^2 = \sqrt{\frac{1}{4(4-1)}2(1^2 + 2^2 + 1^2 + 3^2 + 2^2 + 1^2)} = 1{,}826$$

$$\Delta^2{}_r = \sqrt{\frac{1}{4^2}2(1^2 + 2^2 + 1^2 + 3^2 + 2^2 + 1^2)} = 1{,}581$$

Per le differenze medie quadratiche valgono le seguenti relazioni:

$$\Delta^2 = \sqrt{2\frac{N}{N-1}}\sigma \qquad \Delta^2{}_r = \sqrt{2}\sigma$$

ESERCIZIO 57

Si consideri la seguente distribuzione di frequenze assolute:

x_j	0	1	2
n_j	2	3	1

Calcolare le differenze medie semplici e quadratiche.

SOLUZIONE

Matrice delle differenze:

	0	1	2
0	$0 - 0 = \ \ 0$	$0 - 1 = -1$	$0 - 2 = -2$
1	$1 - 0 = +1$	$1 - 1 = \ \ 0$	$1 - 2 = -1$
2	$2 - 0 = +2$	$2 - 1 = +1$	$2 - 2 = \ \ 0$

Ad esempio, indicando con i le righe e con j le colonne, per la seconda cella della matrice (prima riga, seconda colonna) si ha:

$$d\left(x_{i=1}, x_{j=2}\right) = x_{i=1} - x_{j=2} = 0 - 1 = -1$$

In un'altra matrice calcoliamo i prodotti tra le frequenze:

	2	3	1
2	$2 \cdot 2 = 4$	$2 \cdot 3 = 6$	$2 \cdot 1 = 2$
3	$3 \cdot 2 = 6$	$3 \cdot 3 = 9$	$3 \cdot 1 = 3$
1	$1 \cdot 2 = 2$	$1 \cdot 3 = 3$	$1 \cdot 1 = 1$

Con le frequenze assolute, le formule per le differenze medie semplici sono le seguenti:

$$\Delta = \frac{1}{N(N-1)} \sum_{i \neq j=1}^{k} |x_i - x_j| n_i n_j$$

$$\Delta_r = \frac{1}{N^2} \sum_{i=j=1}^{k} |x_i - x_j| n_i n_j$$

mentre, per le differenze medie quadratiche si ha:

$$\Delta^2 = \sqrt{\frac{1}{N(N-1)} \sum_{i \neq j=1}^{k} (x_i - x_j)^2 n_i n_j}$$

$$\Delta^2{}_r = \sqrt{\frac{1}{N^2} \sum_{i=j=1}^{k} (x_i - x_j)^2 n_i n_j}$$

Il collettivo è formato da N = 6 unità:

$$N = \sum_{j=1}^{k} n_j = 2 + 3 + 1 = 6$$

Differenze medie semplici, senza e con ripetizione:

$$\Delta = \frac{1}{6(6-1)} (|-1|6 + \ldots + |1|3) = 0{,}867$$

$$\Delta_r = \frac{1}{6^2} (|-1|6 + \ldots + |1|3) = 0{,}722$$

Differenze medie quadratiche, senza e con ripetizione:

$$\Delta^2 = \sqrt{\frac{1}{6(6-1)} (-1)^2 6 + \ldots + (1)^2 3} = 1{,}065$$

$$\Delta^2{}_r = \sqrt{\frac{1}{6^2} (-1)^2 6 + \ldots + (1)^2 3} = 0{,}972$$

8. Concentrazione

ESERCIZIO 58

In una popolazione, la spezzata di concentrazione della variabile reddito (in euro) è data dalle seguenti coppie di valori:

(0,00 ; 0,00) (0,25 ; 0,12) (0,50 ; 0,35) (0,75 ; 0,62) (1,00 ; 1,00)

A quanto ammonta la quota di reddito detenuta dal 25% delle unità più ricche?

SOLUZIONE

La *concentrazione* è una proprietà dei caratteri quantitativi trasferibili, come il reddito appunto.
Le coppie di valori forniti dal testo fanno riferimento alle coppie di valori P_i (valori a sinistra tra parentesi) e Q_i (valori a destra), che possiamo utilizzare per ricavare la *spezzata di concentrazione* del reddito (o *spezzata di Lorenz, curva di Lorenz*):

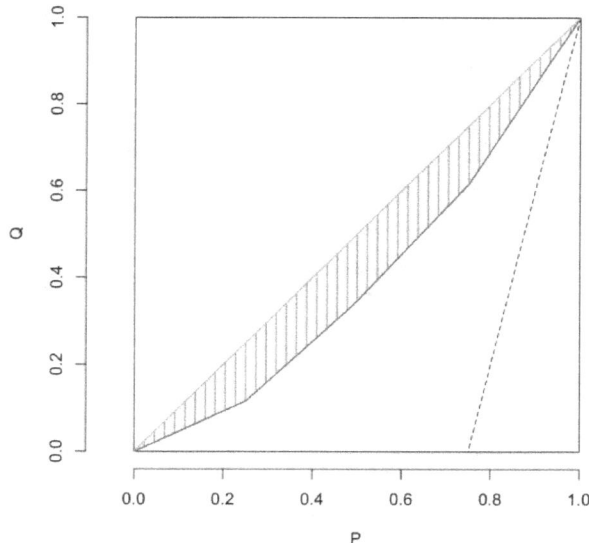

La diagonale nel grafico indica la *linea di equidistribuzione*, la spezzata sotto è appunto la curva di Lorenz, e l'area compresa tra queste due curve costituisce una misura della concentrazione del reddito nel collettivo. La linea tratteggiata più a destra delimita l'area di massima concentrazione. In generale, P_i è la frequenza relativa cumulata delle prime i unità:

$$P_i = \frac{i}{N}$$

e si trova sull'asse orizzontale del grafico, mentre Q_i indica la corrispondente frazione di ammontare (A_N) del reddito posseduto dalle i unità più povere:

$$Q_i = \frac{A_h}{A_N}$$

sull'asse verticale del grafico, dove:

$$A_h = \sum_{i=1}^{h \leq N} x_i$$

Per ogni unità è dimostrata la seguente relazione:

$$P_i \geq Q_i$$

I valori forniti possono essere dunque riscritti come segue:

$$(P_{i=0} = 0{,}00 \; ; Q_{i=0} = 0{,}00)$$

$$(P_{i=1} = 0{,}25 \; ; Q_{i=1} = 0{,}12)$$

$$(P_{i=2} = 0{,}50 \; ; Q_{i=2} = 0{,}35)$$

$$(P_{i=3} = 0{,}75 \; ; Q_{i=3} = 0{,}62)$$

$$(P_{i=4} = 1{,}00 \; ; Q_{i=4} = 1{,}00)$$

Il fatto che la spezzata passi per il punto (0,25 ; 0,12) significa che, nel collettivo, il 25% più povero delle unità detiene il 12% del reddito. Di conseguenza, il 75% delle unità più ricche possiede l'88% del reddito:

$$Q_{i=4} - Q_{i=1} = 1 - 0{,}12 = 0{,}88$$

ESERCIZIO 59

Di seguito è riportato il fatturato (in milioni di euro) di 4 aziende:

14 16 18 15

Calcolare il livello di concentrazione del fatturato.

SOLUZIONE

Il collettivo è formato da $N = 4$ aziende. Ordiniamo i dati in senso crescente:

14 15 16 18

L'ammontare complessivo del fatturato è pari a 63 (milioni di euro):

$$A_N = \sum_{i=1}^{N} x_i = 14 + 15 + 16 + 18 = 63$$

Ricaviamo i valori P_i e Q_i per mezzo delle seguenti formule:

$$P_i = \frac{i}{N} \qquad Q_i = \frac{A_h}{A_N} \qquad A_h = \sum_{i=1}^{h \leq N} x_i = x_{i=h} + A_{h-1}$$

Ad esempio, relativamente alla seconda azienda con 16 (milioni di euro):

$$P_{i=2} = \frac{i}{N} = \frac{2}{4} = 0,5$$

$$A_{h=2} = x_{i=1} + x_{i=2} = 14 + 15 = 29$$

o, in alternativa:

$$A_{h=2} = x_{i=2} + A_{h=2-1} = 15 + 14 = 29$$

$$Q_{i=2} = \frac{A_{h=2}}{A_N} = \frac{29}{63} = 0,46$$

Si ottengono dunque i seguenti valori:

$$P_{i=1} = \frac{1}{4} = 0,25 \qquad A_{h=1} = 14 \qquad Q_{i=1} = \frac{14}{63} = 0,222$$

$$P_{i=2} = \frac{2}{4} = 0,5 \qquad A_{h=2} = 15 + 14 = 29 \qquad Q_{i=2} = \frac{29}{63} = 0,46$$

$$P_{i=3} = \frac{3}{4} = 0,75 \qquad A_{h=3} = 16 + 29 = 45 \qquad Q_{i=3} = \frac{45}{63} = 0,714$$

$$P_{i=4} = \frac{4}{4} = 1,000 \qquad A_{h=4} = 18 + 45 = 63 \qquad Q_{i=4} = \frac{63}{63} = 1,000$$

Riepilogando:

x_i	i	P_i	A_h	Q_i
14	1	0,250	14	0,222
15	2	0,500	29	0,460
16	3	0,750	45	0,714
18	4	1,000	63	1,000

Un primo indice che possiamo introdurre per valutare la concentrazione è il *coefficiente C di Gini*:

$$C = \sum_{i=1}^{N-1} (P_i - Q_i)$$

Si ottiene:

$$C = (0,25 - 0,222) + (0,5 - 0,46) + (0,75 - 0,714) = 0,103$$

Per ottenere una versione normalizzata dell'indice, è necessario relativizzare per il suo massimo:

$$C_{max} = \sum_{i=1}^{N-1} P_i = 0,25 + 0,5 + 0,75 = 1,5$$

Si ricava così il *rapporto di concentrazione di Gini*:

$$R = \frac{C}{C_{max}} = \frac{0,103}{1,5} = 0,069$$

È comunque possibile ricorrere alle seguenti formule alternative:

$$R = 1 - \frac{\sum_{i=1}^{N-1} Q_i}{C_{max}} \qquad R = 1 - \frac{2 \sum_{h=1}^{N-1} A_h}{A_N (N-1)}$$

E infatti:

$$R = 1 - \frac{0,222 + 0,46 + 0,714}{1,5} = 0,069$$

$$R = 1 - \frac{2(14 + 29 + 45)}{63(4 - 1)} = 0,069$$

La concentrazione del fatturato nel collettivo di aziende è dunque pari al 6,9%.

Come sappiamo, l'indice R di Gini può essere anche ricavato anche attraverso la *differenza media semplice senza ripetizione*:

$$R = \Delta_{norm} = \frac{\Delta}{\Delta_{max}} = \frac{\frac{1}{N(N-1)} \sum_{i \neq j=1}^{N} |x_i - x_j|}{2\mu}$$

Matrice di disuguaglianza:

	14	15	16	18
14	$14 - 14 = 0$	$14 - 15 = -1$	$14 - 16 = -2$	$14 - 18 = -4$
15	$15 - 14 = +1$	$15 - 15 = 0$	$15 - 16 = -1$	$15 - 18 = -3$
16	$16 - 14 = +2$	$16 - 15 = +1$	$16 - 16 = 0$	$16 - 18 = -2$
18	$18 - 14 = +4$	$18 - 15 = +3$	$18 - 16 = +2$	$18 - 18 = 0$

Si ottiene:

$$R = \frac{\frac{1}{4(4-1)} (|-1| + |-2| + \dots + |3| + |2|)}{2\left[\frac{1}{4}(14 + 15 + 16 + 18)\right]} = \frac{2,167}{31,5} = 0,069$$

Infine, l'indice R può essere calcolato anche mediante la *formula dei trapezi*. L'area di concentrazione può essere ricavata come differenza tra due aree, la metà del grafico al di sotto della linea di equidistribuzione (con valore 0,5) e la porzione al di sotto della spezzata:

$$A_C = \frac{1}{2} - \frac{1}{2} \sum_{i=1}^{N} (P_i - P_{i-1})(Q_i + Q_{i-1})$$

Si ottiene:

$$A_C = \frac{1}{2} - \frac{1}{2}[(0,25 - 0)(0,222 + 0) + \dots] = 0,026$$

In caso di massima concentrazione, l'area A_C è un triangolo di vertici:

$$(0 \, ; \, 0) \quad (1 \, ; \, 1) \quad \left(1 - \frac{1}{N} \, ; \, 0\right)$$

L'area di massima concentrazione pertanto sarà:

$$A_{C \, max} = \frac{N-1}{2N} = \frac{4-1}{2 \cdot 4} = 0{,}375$$

Relativizzando il valore dell'area di concentrazione per il suo massimo si ottiene il valore normalizzato dell'area di concentrazione, che corrisponde appunto al rapporto di concentrazione di Gini:

$$R = \frac{A_C}{A_{C \, max}} = \frac{0{,}026}{0{,}375} = 0{,}069$$

ESERCIZIO 60

Si consideri la seguente distribuzione di frequenza:

x_j	8	9	12	14
n_j	2	3	2	2

Calcolare il rapporto di concentrazione di Gini.

SOLUZIONE

Il collettivo è formato da N = 9 unità statistiche:

$$N = \sum_{j=1}^{k} n_j = 2 + 3 + 2 + 2 = 9$$

mentre l'ammontare complessivo del carattere è pari a 95:

$$A_N = \sum_{j=1}^{k} x_j n_j = 8 \cdot 2 + 9 \cdot 3 + 12 \cdot 2 + 14 \cdot 2 = 95$$

Ricaviamo i valori P_i e Q_i per mezzo delle seguenti formule:

$$P_i = \frac{N_j}{N} \qquad Q_i = \frac{A_h}{A_N} \qquad A_h = \sum_{j=1}^{h \leq k} x_j n_j = x_{j=h} n_{j=h} + A_{h-1}$$

Ad esempio, relativamente alle 3 unità con modalità 9:

$$P_{i=2} = \frac{N_{j=2}}{N} = \frac{n_{j=2} + n_{j=1}}{N} = \frac{3+2}{9} = 0{,}556$$

$$A_{h=2} = \sum_{j=2}^{h=2 \leq k=4} x_j n_j = x_{j=1} n_{j=1} + x_{j=2} n_{j=2} = 8 \cdot 2 + 9 \cdot 3 = 43$$

o, in alternativa:

$$A_{h=2} = x_{j=h=2} n_{j=h=2} + A_{h=2-1} = 9 \cdot 3 + 8 \cdot 2 = 43$$

$$Q_{i=2} = \frac{A_{h=2}}{A_N} = \frac{43}{95} = 0{,}453$$

Si ottengono dunque i seguenti valori:

$$P_{i=1} = \frac{2}{9} = 0{,}222 \qquad A_{h=1} = 16 \qquad Q_{i=1} = \frac{16}{95} = 0{,}168$$

$$P_{i=2} = \frac{5}{9} = 0{,}556 \qquad A_{h=2} = 27 + 16 = 43 \qquad Q_{i=2} = \frac{43}{95} = 0{,}453$$

$$P_{i=3} = \frac{7}{9} = 0{,}778 \qquad A_{h=3} = 24 + 43 = 67 \qquad Q_{i=3} = \frac{67}{95} = 0{,}705$$

$$P_{i=4} = \frac{9}{9} = 1{,}000 \qquad A_{h=4} = 28 + 67 = 95 \qquad Q_{i=4} = \frac{95}{95} = 1{,}000$$

Riepilogando:

x_j	n_j	N_j	P_i	$x_j n_j$	A_h	Q_i
8	2	2	0,222	16	16	0,168
9	3	5	0,556	27	43	0,453
12	2	7	0,778	24	67	0,705
14	2	9	1,000	28	95	1,000

Formula dei trapezi per il calcolo del rapporto dell'indice R di Gini:

$$R = \frac{A_C}{A_{C\,max}} = \frac{\frac{1}{2} - \frac{1}{2}\sum_{i=1}^{N}(P_i - P_{i-1})\,(Q_i + Q_{i-1})}{\frac{N-1}{2N}}$$

La concentrazione è al 13,4%:

$$R = \frac{\frac{1}{2} - \frac{1}{2}[(0{,}222 - 0)(0{,}168 + 0) + \dots\ ]}{\frac{9-1}{2 \cdot 9}} = 0{,}134$$

> # ESERCIZIO 61

Si consideri la seguente distribuzione per classi:

x_j	0 ⊣ 2	2 ⊣ 4	4 ⊣ 6	6 ⊣ 8
n_j	9	8	4	5

Calcolare il rapporto di concentrazione di Gini.

SOLUZIONE

Occorre, innanzitutto, ricavare i valori centrali delle classi (sotto l'ipotesi di distribuzione uniforme all'interno delle stesse):

$$c_1 = \frac{0 + 2}{2} = 1$$

$$c_2 = \frac{2 + 4}{2} = 3$$

$$c_3 = \frac{4 + 6}{2} = 5$$

$$c_4 = \frac{6 + 8}{2} = 7$$

Il collettivo è formato da $N = 9$ unità statistiche:

$$N = \sum_{j=1}^{k} n_j = 9 + 8 + 4 + 5 = 26$$

mentre l'ammontare complessivo del carattere è pari a 88 (sotto l'ipotesi di distribuzione uniforme di X nelle classi):

$$A_N = \sum_{j=1}^{k} c_j n_j = 1 \cdot 9 + 3 \cdot 8 + 5 \cdot 4 + 7 \cdot 5 = 88$$

Ricaviamo ora i valori P_i e Q_i per mezzo delle seguenti formule:

$$P_i = \frac{N_j}{N} \qquad Q_i = \frac{A_h}{A_N} \qquad A_h = \sum_{j=1}^{h \leq k} c_j n_j$$

Si ottengono i dati nella seguente tabella:

c_j	n_j	N_j	P_i	$c_j n_j$	A_h	Q_i
1	9	9	0,346	9	9	0,102
3	8	17	0,654	24	33	0,375
5	4	21	0,808	20	53	0,602
7	5	26	1,000	35	88	1,000

Formula dei trapezi:

$$R = \frac{A_C}{A_{C\,max}} = \frac{\frac{1}{2} - \frac{1}{2}\sum_{i=1}^{N}(P_i - P_{i-1})(Q_i + Q_{i-1})}{\frac{N-1}{2N}}$$

Il valore del rapporto di concentrazione di Gini è pari al 37,4%:

$$R = \frac{\frac{1}{2} - \frac{1}{2}[(0,364 - 0)(0,102 + 0) + \ldots]}{\frac{26 - 1}{2 \cdot 26}} = 0,374$$

9. Omogeneità

ESERCIZIO 62

Calcolare l'indice di eterogeneità di Gini per la seguente distribuzione statistica:

x_j	cinema	teatro	museo	concerto
n_j	26	51	90	33

SOLUZIONE

Uno concetto analogo a quello della concentrazione, ma applicato alle distribuzioni di frequenza, è quello dell'*omogeneità*, e della controparte, l'*eterogeneità*.

Gli indici di eterogeneità misurano l'attitudine di un carattere ad assumere modalità diverse nel collettivo, sulla base delle sole frequenze. Quando tutte le unità del collettivo presentano la stessa modalità del carattere si ha *massima omogeneità* (*minima eterogeneità*), al contrario, quando in corrispondenza delle varie modalità si osserva una stessa frequenza si ha *massima eterogeneità* (*minima omogeneità*).

Una misura di omogeneità nel collettivo è data dall'indice di omogeneità O_1:

$$O_1 = \frac{1}{N^2} \sum_{j=1}^{k} n_j^2 = \frac{1}{\left(\sum_{j=1}^{k} n_j\right)^2} \sum_{j=1}^{k} n_j^2$$

Il collettivo è formato da 200 unità:

$$N = \sum_{j=1}^{k} n_j = 26 + 51 + 90 + 33 = 200$$

pertanto:

$$O_1 = \frac{1}{200^2} (26^2 + 51^2 + 90^2 + 33^2) = 0{,}312$$

L'indice di omogeneità O_1 assume valore minimo $\frac{1}{k}$ in caso di minima omogeneità (massima eterogeneità), cioè quando tutte le frequenze sono uguali tra loro e pari a $\frac{1}{k}$, e valore massimo 1 in caso di massima omogeneità (minima eterogeneità):

$$\frac{1}{k} \leq O_1 \leq 1$$

In questo caso, sotto l'ipotesi di minima omogeneità il suo valore sarebbe stato:

$$O_{1min} = \frac{1}{k} = \frac{1}{4} = 0,25$$

L'*indice di eterogeneità di Gini* è complementare all'indice di omogeneità O_1:

$$E_1 = 1 - O_1$$

quindi:

$$E_1 = 1 - 0,312 = 0,688$$

L'indice di eterogeneità di Gini assume valore minimo 0 in caso di minima eterogeneità (massima omogeneità) e valore massimo $1 - \frac{1}{k} = \frac{k-1}{k}$ in caso di massima eterogeneità (minima omogeneità):

$$0 \leq E_1 \leq \frac{k-1}{k}$$

Relativizzando per il suo massimo si ottiene l'indice di eterogeneità di Gini normalizzato, pari in questo caso al 91,8%:

$$E_{1\,norm} = \frac{E_1}{E_{1\,max}} = \frac{0,688}{\frac{4-1}{4}} = \frac{0,688}{0,75} = 0,918$$

Se invece avessimo avuto frequenze relative o percentuali:

x_j	cinema	teatro	museo	concerto
f_j	0,130	0,255	0,450	0,165
p_j	13,0	25,5	45,0	16,5

le formule da usare per l'indice di omogeneità O_1 sarebbero state le seguenti:

$$O_1 = \frac{1}{\left(\sum_{j=1}^{k} f_j\right)^2} \sum_{j=1}^{k} f_j^{\,2} = \sum_{j=1}^{k} f_j^{\,2}$$

$$O_1 = \frac{1}{\left(\sum_{j=1}^{k} p_j\right)^2} \sum_{j=1}^{k} p_j^{\,2} = \frac{1}{100^2} \sum_{j=1}^{k} p_j^{\,2}$$

Pertanto:

$$E_1 = 1 - O_1 = 1 - (0{,}13^2 + 0{,}255^2 + 0{,}45^2 + 0{,}165^2) = 0{,}688$$

$$E_1 = 1 - O_1 = 1 - \frac{1}{100^2}(13^2 + 25{,}5^2 + 45^2 + 16{,}5^2) = 0{,}688$$

ESERCIZIO 63

Calcolare l'indice di entropia di Shannon per la seguente distribuzione:

x_j	1	2	3	4
f_j	0,20	0,35	0,25	0,20

SOLUZIONE

Introduciamo innanzitutto un altro indice di omogeneità:

$$O_2 = \frac{1}{\sum_{j=1}^{k} f_j} \sum_{j=1}^{k} ln(f_j) f_j = \sum_{j=1}^{k} ln(f_j) f_j$$

Si ottiene:

$$O_2 = ln(0,2)0,2 + ln(0,35)0,35 + ln(0,25)0,25 + ln(0,2)2 = -1,358$$

L'indice di omogeneità O_2 assume valore minimo $-ln(k)$ in caso di minima omogeneità (massima eterogeneità) e valore massimo 0 in caso di massima omogeneità (minima eterogeneità):

$$-ln(k) \leq O_2 \leq 0$$

L'*indice di entropia di Shannon* è invece definito come segue:

$$E_2 = -O_2$$

quindi:

$$E_2 = -(-1,358) = 1,358$$

L'indice di entropia di Shannon assume valore minimo 0 in caso di minima eterogeneità (massima omogeneità) e $ln(k)$ in caso di massima eterogeneità (minima omogeneità):

$$0 \leq E_2 \leq ln(k)$$

Relativizzando per il suo massimo si ottiene l'indice di entropia di Shannon normalizzato, pari in questo caso al 97,9%:

$$E_{2\,norm} = \frac{E_2}{E_{2\,max}} = \frac{1,358}{ln(4)} = \frac{1,358}{1,386} = 0,979$$

10. Forma

ESERCIZIO 64

Sia data la seguente distribuzione di dati:

7 8 4 4 2 12 7 4 7 5 6 5 5 6 6 5

Costruire il boxplot.

SOLUZIONE

Il *boxplot* (o *diagramma a scatola e baffi*) è un grafico molto utile, in grado di sintetizzare una distribuzione statistica rispetto a una certa variabile, per mezzo di 5 indici - la cosiddetta *sintesi a 5* - che sono i valori minimo e massimo della distribuzione, la mediana (ovvero il secondo quartile), il 1° e il 3° quartile:

$$x_{min} \quad {}_{\frac{1}{4}}Q_1 \quad Me \quad {}_{\frac{1}{4}}Q_3 \quad x_{max}$$

Il boxplot è formato da un rettangolo (*scatola*) e da due linee orizzontali a lato (*baffi*) la cui fine è indicata da un segmento. Gli estremi della scatola coincidono con il 1° e il 3° quartile; l'ampiezza della scatola rappresenta dunque la differenza interquartilica. La linea marcata all'interno della scatola indica la mediana. I segmenti alla fine dei baffi rappresentano invece i valori minimo e massimo; la distanza tra i segmenti rappresenta dunque il campo di variazione.

Il collettivo è formato da N = 16 unità. Ordiniamo la distribuzione:

2 4 4 4 5 5 5 5 6 6 6 7 7 7 8 12

I valori minimo e massimo sono rispettivamente $x = 2$ e $x = 12$. Per quanto riguarda invece i quartili:

$$pos_{{}_{\frac{1}{4}}Q_1} = \alpha N = 0,25 \cdot 16 = 4 \rightarrow 4^a \text{ e } 5^a$$

$$pos_{{}_{\frac{1}{4}}Q_2} = \alpha N = 0,5 \cdot 16 = 8 \rightarrow 8^a \text{ e } 9^a$$

$$pos_{{}_{\frac{1}{4}}Q_3} = \alpha N = 0,75 \cdot 16 = 12 \rightarrow 12^a \text{ e } 13^a$$

2 4 4 (4 5) 5 5 (5 6) 6 6 (7 7) 7 8 12

$$\frac{1}{4}Q_1 = \frac{4+5}{2} = 4,5$$

$$\frac{1}{4}Q_2 = Me = \frac{5+6}{2} = 5,5$$

$$\frac{1}{4}Q_3 = \frac{7+7}{2} = 7$$

Riepiloghiamo i 5 indici:

$$x_{min} = 2 \qquad \frac{1}{4}Q_1 = 4,5 \qquad Me = 5,5 \qquad \frac{1}{4}Q_3 = 7 \qquad x_{max} = 12$$

Con la sintesi a 5 possiamo costruire il boxplot (lo riportiamo nelle due possibili varianti, orientato orizzontalmente e verticalmente):

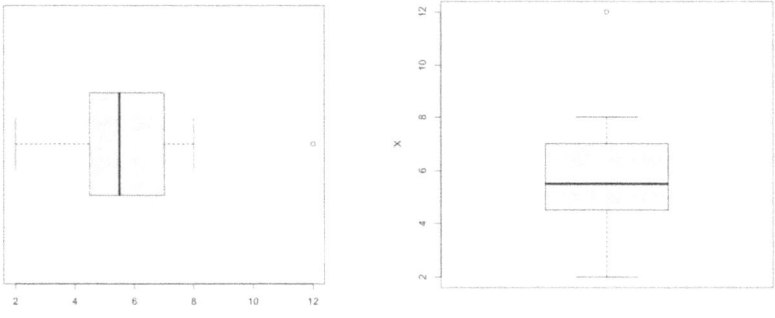

Concentriamoci sulla prima versione a sinistra. Osservando il boxplot, notiamo che la distribuzione non è simmetrica; neanche nel 50% centrale dell'ordinamento, difatti la linea nera della mediana non si trova perfettamente al centro della scatola.

Una cosa che dovrebbe risaltare all'occhio è che il baffo di destra non termina in corrispondenza del valore massimo della distribuzione. In effetti, prima di disegnare i baffi nel grafico occorre sempre verificare la presenza di *valori anomali* nella distribuzione. Più precisamente, si hanno *valori anomali inferiori* (VAI) e *valori anomali superiori* (VAS) se questi eccedono i seguenti limiti, rispettivamente *limite inferiore* (LI) e *limite superiore* (LS):

$$LI = \frac{1}{4}Q_1 - 1,5IQR \qquad LS = \frac{1}{4}Q_3 + 1,5IQR$$

In questo caso, la differenza interquartilica è pari a 2,5:

$$IQR = \tfrac{\square}{4}Q_3 - \tfrac{\square}{4}Q_1 = 7 - 4{,}5 = 2{,}5$$

pertanto:

$$LI = 4{,}5 - 1{,}5 \cdot 2{,}5 = 0{,}75$$

$$LS = 7 + 1{,}5 \cdot 2{,}5 = 10{,}75$$

Non si hanno dunque valori anomali inferiori. Tuttavia, superando la soglia LS, la modalità $x = 12$ può essere classificata come valore anomalo superiore: in questi casi, per segnalare la sua presenza nel grafico, di solito viene indicato con un pallino, e il baffo si fermerà al valore immediatamente precedente, in questo caso $x = 8$.

ESERCIZIO 65

Misurare l'asimmetria della seguente distribuzione di dati:

5 6 5 4 2 6 3 4 1 5 4 5 3 5 6 4

SOLUZIONE

Gli *indici di forma* prendono in considerazione due aspetti di una distribuzione: la simmetria e la curtosi.
Per quanto riguarda la *simmetria*, in generale una distribuzione si dice simmetrica quando è possibile individuare un ipotetico asse verticale che divida la stessa in due parti specularmente uguali. In questi casi, gli indici di posizione moda, mediana e media aritmetica coincidono:

$$Mo = Me = \mu$$

Al concetto di simmetria si contrappone quello di *asimmetria* (*skewness*). In particolare, si può osservare *asimmetria positiva*, ovvero quando la distribuzione presenta la coda di destra più allungata. In questi casi vale la seguente relazione:

$$Mo < Me < \mu$$

Quando invece c'è *asimmetria negativa*, la distribuzione presenta la coda di sinistra più allungata, e vale la seguente relazione:

$$Mo > Me > \mu$$

A partire da queste considerazioni, possiamo introdurre due prime misure assolute di asimmetria:

$$\alpha_1 = \mu - Me \qquad \alpha_2 = \mu - Mo$$

che assumono valore nullo in caso di simmetria, valori positivi con asimmetria positiva e valori negativi con asimmetria negativa. Occorre dunque ricavare moda, mediana e media aritmetica.
Il collettivo è formato da N = 16 unità. Ordiniamo la distribuzione:

1 2 3 3 4 4 4 4 5 5 5 5 5 6 6 6

La modalità (non esterna) che presenta la frequenza più elevata è $x = 5$ (con frequenza assoluta 5), che rappresenta dunque la moda.
Per quanto riguarda il valore della mediana, questo è pari a 4,5:

$$1^a \, pos_{Me} = \frac{N}{2} = \frac{16}{2} = 8 \to 8^a$$

$$2^a \, pos_{Me} = \frac{N}{2} + 1 = \frac{16}{2} + 1 = 9 \to 9^a$$

$$1 \quad 2 \quad 3 \quad 3 \quad 4 \quad 4 \quad 4 \; \boxed{4 \quad 5} \; 5 \quad 5 \quad 5 \quad 5 \quad 6 \quad 6 \quad 6$$

$$Me = \frac{4+5}{2} = 4{,}5$$

La media aritmetica invece è 4,25:

$$\mu = \frac{1}{N} \sum_{i=1}^{N} x_i = \frac{1}{16}(5 + 6 + 5 + \; ... \; + 5 + 6 + 4) = 4{,}25$$

Come possiamo notare, la moda è superiore alla mediana, e quest'ultima è superiore alla media aritmetica:

$$5 > 4{,}5 > 4{,}25$$

La distribuzione sarà pertanto negativamente asimmetrica. Calcolando i due indici, si ottiene:

$$\alpha_1 = \mu - Me = 4{,}25 - 4{,}5 = -0{,}25$$

$$\alpha_2 = \mu - Mo = 4{,}25 - 5 = -0{,}75$$

Gli indici assumono valore negativo: come già intuito, la distribuzione è negativamente asimmetrica.

Un altro indice assoluto di asimmetria è basato sulle distanze tra quartili:

$$\alpha_3 = \left({}_4^{\square}Q_3 - {}_4^{\square}Q_2 \right) - \left({}_4^{\square}Q_2 - {}_4^{\square}Q_1 \right) = {}_4^{\square}Q_3 + {}_4^{\square}Q_1 - 2{}_4^{\square}Q_2$$

La formula può essere anche scritta come segue (ricordando che 2° quartile e mediana coincidono):

$$\alpha_3 = \left({}_4^{\square}Q_3 - Me \right) - \left(Me - {}_4^{\square}Q_1 \right) = {}_4^{\square}Q_3 + {}_4^{\square}Q_1 - 2Me$$

Anche questo indice assume valore nullo in caso di simmetria, valori positivi con asimmetria positiva e valori negativi con asimmetria negativa. Determiniamo 1° e 3° quartile, pari rispettivamente a 3,5 e 5:

$$pos_{{}_4^{\square}Q_1} = \alpha N = 0{,}25 \cdot 16 = 4 \to 4^a \; e \; 5^a$$

$$pos_{\frac{3}{4}Q_3} = \alpha N = 0,75 \cdot 16 = 12 \rightarrow 12^a \ e \ 13^a$$

1 2 3 ③ ④ 4 4 4 5 5 5 ⑤ ⑤ 6 6 6

$$\frac{3}{4}Q_1 = \frac{3+4}{2} = 3,5 \qquad \frac{3}{4}Q_3 = \frac{5+5}{2} = 5$$

Pertanto:

$$\alpha_3 = \frac{3}{4}Q_3 + \frac{3}{4}Q_1 - 2Me = 5 + 3,5 - 2 \cdot 4,5 = -0,5$$

Anche questo indice assume valore negativo: confermiamo l'asimmetria negativa della distribuzione.

Con asimmetria negativa, la distribuzione statistica presenterà la coda di sinistra più allungata. E infatti, se proviamo a rappresentare graficamente la corrispondente distribuzione di frequenze assolute, si ottiene:

x_j	1	2	3	4	5	6
n_j	1	1	2	4	5	3

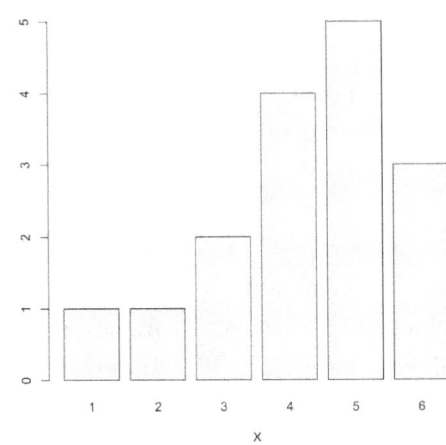

Rapportando i due indici assoluti alla deviazione standard si ottengono i corrispondenti indici relativi (il secondo proposto da Pearson):

$$\alpha_4 = \frac{\alpha_1}{\sigma} = \frac{\mu - Me}{\sigma} \qquad \alpha_P = \frac{\alpha_2}{\sigma} = \frac{\mu - Mo}{\sigma}$$

La deviazione standard è pari a 1,392:

$$\sigma = \sqrt{\frac{1}{N}\sum_{i=1}^{N}(x_i - \mu)^2} = \sqrt{\frac{1}{16}(5 - 4{,}25)^2 + \dots + (4 - 4{,}25)^2} = 1{,}392$$

pertanto:

$$\alpha_4 = \frac{-0{,}25}{1{,}392} = -0{,}18 \qquad \alpha_P = \frac{-0{,}75}{1{,}392} = -0{,}539$$

Rapportando il terzo indice assoluto alla differenza interquartilica si ottiene l'*indice di asimmetria di Yule e Bowley*, così definito:

$$\alpha_{YB} = \frac{\alpha_3}{IQR} = \frac{{}_4^{\square}Q_3 + {}_4^{\square}Q_1 - 2Me}{{}_4^{\square}Q_3 - {}_4^{\square}Q_1}$$

È un indice normalizzato, con valori compresi tra −1 e 1: assume valore 0 in caso di simmetria, 1 con massima asimmetria positiva e −1 con massima asimmetria negativa. In questo caso, il valore dell'indice è pari al 33%:

$$\alpha_{YB} = \frac{-0{,}5}{5 - 3{,}5} = -0{,}333$$

Nel campo invece degli indicatori adimensionali, un primo indice che possiamo ricavare è l'*indice di asimmetria di Pearson*, che ricorre ai valori standardizzati:

$$\beta_1 = \left[\frac{1}{N}\sum_{i=1}^{N}\left(\frac{x_i - \mu}{\sigma}\right)^3\right]^2$$

L'indice assume valore nullo in caso di simmetria e valori positivi con asimmetria (non può assumere valori negativi, essendo elevato al quadrato). In questo caso si ottiene un valore >0, indicazione che la distribuzione è asimmetrica:

$$\beta_1 = \left\{\frac{1}{16}\left[\left(\frac{5 - 4{,}25}{1{,}392}\right)^3 + \dots + \left(\frac{4 - 4{,}25}{1{,}392}\right)^3\right]\right\}^2 = 0{,}533$$

Se si desidera invece un indicatore con segno, si può ricorrere all'*indice di asimmetria di Fisher*, che a differenza dell'indice di Pearson non prevede il quadrato nella formula, l'indice è infatti pari alla media dei cubi degli scarti standardizzati:

$$\gamma_1 = \frac{1}{N} \sum_{i=1}^{N} \left(\frac{x_i - \mu}{\sigma}\right)^3$$

L'indice assume valore 0 in caso di simmetria, >0 con asimmetria positiva e <0 con asimmetria negativa. In questo caso si ottiene un valore <0, indicazione che è caratterizzata da asimmetria negativa:

$$\gamma_1 = \frac{1}{16}\left[\left(\frac{5 - 4,25}{1,392}\right)^3 + \dots + \left(\frac{4 - 4,25}{1,392}\right)^3\right] = -0,73$$

> # ESERCIZIO 66

La seguente distribuzione riporta il numero di quaderni utilizzati quotidianamente dai 18 alunni di una classe della scuola primaria:

$$3 \quad 4 \quad 3 \quad 5 \quad 4 \quad 3 \quad 2 \quad 3 \quad 4 \quad 3 \quad 3 \quad 3 \quad 1 \quad 3 \quad 2 \quad 2 \quad 2 \quad 3 \quad 2$$

Misurare la curtosi della distribuzione.

SOLUZIONE

Con il termine *curtosi* si intende la maggiore o minore gibbosità (appuntimento) di una distribuzione in prossimità del suo massimo; il concetto di curtosi assume rilevanza nell'ambito delle distribuzioni unimodali di forma campanulare.

Per valutare la curtosi si opera il confronto con la *curva normale* (o *gaussiana*), avente stessa media aritmetica e stessa deviazione standard, detta *mesocurtica*. Quando la distribuzione risulta meno appuntita della curva normale, cioè quando è più bassa al centro e più allungata nelle code (*iponormale*) allora è detta *platicurtica*, al contrario (*ipernormale*) è *leptocurtica*.

Gli indici che misurano la curtosi di una distribuzione sono denominati *indici di disnormalità*. Come primo indice calcoliamo l'*indice di curtosi di Pearson*:

$$\beta_2 = \frac{1}{N} \sum_{i=1}^{N} \left(\frac{x_i - \mu}{\sigma} \right)^4$$

L'indice è pari a 3 se la distribuzione è normale, >3 se ipernormale e <3 se iponormale.

Ricaviamo media aritmetica e deviazione standard:

$$\mu = \frac{1}{N} \sum_{i=1}^{N} x_i = \frac{1}{18}(3 + 4 + 3 + \dots + 2 + 3 + 2) = 2{,}944$$

$$\sigma = \sqrt{\frac{1}{N} \sum_{i=1}^{N} (x_i - \mu)^2} = \sqrt{\frac{1}{18}(3 - 2{,}944)^2 + \dots} = 0{,}911$$

L'indice risulta:

$$\beta_2 = \frac{1}{18}\left[\left(\frac{3 - 2,944}{0,911}\right)^4 + \ldots + \left(\frac{2 - 2,944}{0,911}\right)^4\right] = 3,148$$

Il valore dell'indice è superiore a 3: la distribuzione è ipernormale (leptocurtica).

Se invece si desidera un indicatore con valore confrontabile con lo 0, si può ricorrere all'*indice di curtosi di Fisher*:

$$\gamma_2 = \beta_2 - 3$$

L'indice assume infatti valore 0 se la distribuzione è normale, >0 se ipernormale e <0 se iponormale. In questo caso si ottiene:

$$\gamma_2 = 3,148 - 3 = 0,148$$

Il valore dell'indice è superiore a 0: la distribuzione si conferma leptocurtica.

11. Rapporti statistici

ESERCIZIO 67

La seguente tabella fornisce i dati di superficie (in km^2), popolazione residente, nascite e decessi in Italia nel 2019 (dati ISTAT):

Superficie Italia (in km^2)	302.073
Popolazione residente al 1° gennaio 2019	59.816.673
Popolazione residente al 31 dicembre 2019	60.244.639
Nati vivi	420.084
Deceduti	634.417

Calcolare la densità di popolazione al 1° gennaio.

SOLUZIONE

I *rapporti statistici* sono indicatori che consentono di descrivere in modo sintetico un certo fenomeno statistico.

In questo caso, occorre ricorrere a un *rapporto di densità*, con il quale vengono confrontate la dimensione globale del fenomeno (al numeratore) e la dimensione spaziale o temporale di riferimento. In questo caso, per ricavare la densità di popolazione sarà sufficiente rapportare la popolazione residente al 1° gennaio alla superficie del territorio:

$$\frac{num.\,abitanti}{superficie\,(in\,km^2)} = \frac{59.816.673}{302.073} = 198,02\,ab./km^2$$

In altre parole, nel 2019, in Italia il numero medio di abitanti per kilometro quadrato è stato di 198.

ESERCIZIO 68

Si considerino ancora i dati del precedente esercizio:

Superficie Italia (in km^2)	302.073
Popolazione residente al 1° gennaio 2019	59.816.673
Popolazione residente al 31 dicembre 2019	60.244.639
Nati vivi	420.084
Deceduti	634.417

Calcolare i tassi di natalità e mortalità.

SOLUZIONE

Si ricorre a dei *rapporti di derivazione*, dividendo la frequenza (o intensità) del fenomeno (al numeratore) per la frequenza (o intensità) di un altro fenomeno, che ne costituisce l'antecedente, la causa o il presupposto (al denominatore).

Il *tasso di natalità* si ottiene rapportando il numero di nati vivi alla popolazione media, quest'ultima intesa come semisomma della popolazione residente a inizio anno e la stessa a fine anno, e poi moltiplicando per 1.000. Popolazione media:

$$P_m = \frac{59.816.673 + 60.244.639}{2} = 60.030.656$$

Il tasso di natalità è:

$$T_N = \frac{nati\ vivi}{P_m} = \frac{420.084}{60.030.656}1.000 = 6,998$$

Analogamente, il *tasso di mortalità* si ottiene rapportando il numero di deceduti alla popolazione media, e moltiplicando poi per 1.000. Si ottiene:

$$T_M = \frac{deceduti}{P_m} = \frac{634.417}{60.030.656}1.000 = 10,568$$

I risultati indicano 7 nascite e 11 decessi ogni 1.000 abitanti.

ESERCIZIO 69

Secondo i dati ISTAT, la distribuzione per genere della popolazione residente in Toscana al 1° gennaio 2019 era di 1.788.031 maschi e 1.913.312 femmine.
Calcolare gli indici di mascolinità e femminilità.

SOLUZIONE

Occorre calcolare il *rapporto di mascolinità* e il *rapporto di femminilità*. Si tratta di *rapporti di coesistenza*, che consentono di confrontare le frequenze (o intensità) di due modalità del carattere.
Il rapporto di mascolinità si ottiene dividendo il numero di maschi per il numero di femmine:

$$R_{M/F} = \frac{n_M}{n_F} = \frac{1.788.031}{1.913.312} = 0,935$$

Analogamente, il rapporto di femminilità si ottiene dividendo il numero di femmine per il numero di maschi:

$$R_{F/M} = \frac{n_F}{n_M} = \frac{1.913.312}{1.788.031} = 1,07$$

Se moltiplicati per 100, i risultati prendono il nome di *indice di mascolinità* e *indice di femminilità*:

$$I_{M/F} = R_{M/F}100 = 0,935 \cdot 100 = 93,5$$

$$I_{F/M} = R_{F/M}100 = 1,07 \cdot 100 = 107$$

L'indice di mascolinità ci dice che, in Toscana, al 1° gennaio 2019 c'erano 93,5 maschi ogni 100 femmine. Per quanto riguarda invece l'indice di femminilità, questo ci dice che avevamo 107 femmine ogni 100 maschi.

ESERCIZIO 70

In un magazzino, ad inizio 2020 i prodotti in giacenza sono 655. Durante l'anno si registrano 436 unità in entrata e 412 in uscita.
Calcolare i rapporti di rinnovo e durata.

SOLUZIONE

I *rapporti di rinnovo* rappresentano la quota di collettivo che si è rinnovata nel periodo considerato. I *rapporti di durata*, invece, indicano il tempo necessario affinché il collettivo si rinnovi completamente, o, in un'altra ottica, la permanenza media di una unità.
La consistenza delle merci a inizio anno è data dai 655 prodotti in giacenza (C_0), i 436 nuovi prodotti arrivati rappresentano il flusso di entrata (E) e i 412 partiti il flusso di uscita (U). Ricaviamo la consistenza delle merci a fine anno:

$$C_1 = C_0 + E - U = 655 + 436 - 412 = 679$$

Calcoliamo il rapporto di rinnovo:

$$\frac{\frac{E + U}{2}}{\frac{C_0 + C_1}{2}} = \frac{\frac{436 + 412}{2}}{\frac{655 + 679}{2}} = \frac{424}{667} = 0,636$$

dove la semisomma al numeratore rappresenta il *flusso medio* e quella al denominatore la *consistenza media*. L'indice indica che nel 2020 si è rinnovato il 63,6% della merce.
La formula può essere comunque semplificata:

$$\frac{\frac{E + U}{2}}{\frac{C_0 + C_1}{2}} = \frac{E + U}{2} \frac{2}{C_0 + C_1} = \frac{E + U}{C_0 + C_1} = \frac{436 + 412}{655 + 679} = 0,636$$

Il rapporto di durata si ottiene come reciproco del rapporto di rinnovo:

$$\frac{1}{0,636} = 1,572$$

La permanenza media di un prodotto nel magazzino è all'incirca di 1 anno e mezzo.

| ESERCIZIO 71 |

Ipotizziamo che la popolazione attiva di una nazione ammonti a 40 milioni di cittadini, e che il 25% sia fuori dalla forza lavoro. Supponiamo inoltre che tra la forza lavoro vi siano 27 milioni di occupati.
Calcolare il tasso di disoccupazione.

SOLUZIONE

Il *tasso di disoccupazione* è un indicatore della quota di forza lavoro che non riesce a trovare un'occupazione.
Si tratta di un *rapporto di composizione* (o *di parte al tutto*); un altro esempio di rapporto di composizione è dato dalle semplici frequenze relative (introdotte nel capitolo 1). In questi tipi di rapporti, la quantità al denominatore è appunto parte della quantità al denominatore; in questo senso, essi variano tra 0 e 1.
Il tasso di disoccupazione è dato dal rapporto tra disoccupati e forza lavoro:

$$tasso\ di\ disoccupazione = \frac{disoccupati}{forza\ lavoro}$$

dove la forza lavoro è data dalla differenza tra la popolazione attiva e quella al di fuori della forza lavoro:

$$forza\ lavoro = 40.000.000 - (40.000.000 \cdot 0{,}25)$$

ossia:

$$forza\ lavoro = 40.000.000 - 10.000.000 = 30.000.000$$

I disoccupati, invece, risultano dalla differenza tra forza lavoro ed occupati:

$$disoccupati = 30.000.000 - 27.000.000 = 3.000.000$$

La disoccupazione è al 10%:

$$tasso\ di\ disoccupazione = \frac{3.000.000}{30.000.000} = 0{,}1$$

ESERCIZIO 72

La seguente serie storica riporta l'utile al 31/12 (in euro) registrato da una certa azienda negli anni dal 2014 al 2019:

t	2014	2015	2016	2017	2018	2019
u	15.000	17.500	27.800	35.100	32.000	39.450

Ricavare la serie dei numeri indice a base mobile.

SOLUZIONE

Un'altra tipologia di rapporto statistico è rappresentata dai *rapporti indice* (o *numeri indice* o *numeri indici*), particolari indicatori che servono a misurare le variazioni osservate in un certo fenomeno quantitativo nel tempo (*numeri indice temporali*) o nello spazio (*numeri indice spaziali*). Il numero indice è un numero puro (adimensionale), poiché deriva dal rapporto di due grandezze espresse nella stessa unità di misura, e assume valori sempre positivi.

In particolare, i numeri indice *semplici* (o *elementari*) si utilizzano per misurare le variazioni di grandezze elementari; la situazione rispetto alla quale si valuta la variazione (tempo o spazio) è denominata *base*, ed è associata al denominatore del rapporto. Un primo tipo di numeri indice semplici è dato dai numeri indice *a base mobile*: i più frequenti sono quelli temporali, e misurano la variazione del fenomeno tra un dato tempo t e il tempo immediatamente precedente.

In questo caso, possiamo iniziare ricavando le *variazioni assolute* per i vari anni:

$$\Delta_{2015} = u_{2015} - u_{2014} = 17.500 - 15.000 = +2.500€$$

$$\Delta_{2016} = u_{2016} - u_{2015} = 27.800 - 17.500 = +10.300€$$

$$\Delta_{2017} = u_{2017} - u_{2016} = 35.100 - 27.800 = +7.300€$$

$$\Delta_{2018} = u_{2018} - u_{2017} = 32.000 - 35.100 = -3.100€$$

$$\Delta_{2019} = u_{2019} - u_{2018} = 39.450 - 32.000 = +7.450€$$

Per calcolare gli indici a base mobile si divide l'utile di un certo anno (che indichiamo con u) per quello dell'anno immediatamente precedente:

$$_{t-1}I_t = \frac{u_t}{u_{t-1}}$$

Si ottiene:

$$_{2014}I_{2015} = \frac{u_{2015}}{u_{2014}} = \frac{17.500}{15.000} = 1{,}167$$

$$_{2015}I_{2016} = \frac{u_{2016}}{u_{2015}} = \frac{27.800}{17.500} = 1{,}589$$

$$_{2016}I_{2017} = \frac{u_{2017}}{u_{2016}} = \frac{35.100}{27.800} = 1{,}263$$

$$_{2017}I_{2018} = \frac{u_{2018}}{u_{2017}} = \frac{32.000}{35.100} = 0{,}912$$

$$_{2018}I_{2019} = \frac{u_{2019}}{u_{2018}} = \frac{39.450}{32.000} = 1{,}233$$

La serie dei numeri indice a base mobile è pertanto la seguente:

t	2014	2015	2016	2017	2018	2019
$_{t-1}I_t$	-	1,167	1,589	1,263	0,912	1,233

Chiaramente, il numero indice per il 2014 (primo anno della serie) non può essere calcolato, perché non c'è un anno precedente con il quale fare il confronto.

Per meglio interpretare le variazioni intercorse si ricavano le *variazioni relative*:

$$\Delta_{r2015} = {}_{2014}I_{2015} - 1 = 1{,}167 - 1 = 0{,}167$$

$$\Delta_{r2016} = {}_{2015}I_{2016} - 1 = 1{,}589 - 1 = 0{,}589$$

$$\Delta_{r2017} = {}_{2016}I_{2017} - 1 = 1{,}263 - 1 = 0{,}263$$

$$\Delta_{r2018} = {}_{2017}I_{2018} - 1 = 0{,}912 - 1 = -0{,}088$$

$$\Delta_{r2019} = {}_{2018}I_{2019} - 1 = 1{,}233 - 1 = 0{,}233$$

o in alternativa:

$$\Delta_{r2015} = \frac{\Delta_{2015}}{u_{2014}} = \frac{2.500}{15.000} = 0,167$$

$$\Delta_{r2016} = \frac{\Delta_{2016}}{u_{2015}} = \frac{10.300}{17.500} = 0,589$$

$$\Delta_{r2017} = \frac{\Delta_{2017}}{u_{2016}} = \frac{7.300}{27.800} = 0,263$$

$$\Delta_{r2018} = \frac{\Delta_{2018}}{u_{2017}} = \frac{-3.100}{35.100} = -0,088$$

$$\Delta_{r2019} = \frac{\Delta_{2019}}{u_{2018}} = \frac{7.450}{32.000} = 0,233$$

Moltiplicando per 100 le variazioni relative si ottengono le *variazioni percentuali*:

$$\Delta_{\%2015} = \Delta_{r2015}100 = 0,167 \cdot 100 = +16,7\%$$

$$\Delta_{\%2016} = \Delta_{r2016}100 = 0,589 \cdot 100 = +58,9\%$$

$$\Delta_{\%2017} = \Delta_{r2017}100 = 0,263 \cdot 100 = +26,3\%$$

$$\Delta_{\%2018} = \Delta_{r2018}100 = -0,088 \cdot 100 = -8,88\%$$

$$\Delta_{\%2019} = \Delta_{r2019}100 = 0,233 \cdot 100 = +23,3\%$$

Nel 2016 si osserva dunque l'incremento più alto, del 58,9% (da € 17.500 a € 27.800), mentre il decremento del 2018 si traduce in una diminuzione - l'unica - dell'8,8% dell'utile (da € 35.100 a € 32.000).

ESERCIZIO 73

La seguente serie storica riporta il prezzo (in euro) di un certo bene economico negli anni dal 2015 al 2019:

t	2015	2016	2017	2018	2019
p	79	79	78	84	69

Ricavare la serie dei numeri indice con base fissa 2017.

SOLUZIONE

I numeri indice temporali *a base fissa* misurano la variazione tra un dato tempo t e il tempo base b.
Iniziamo calcolando le variazioni assolute:

$$\Delta_{2015} = p_{2015} - p_{2017} = 79 - 78 = +1€$$

$$\Delta_{2015} = p_{2015} - p_{2017} = 79 - 78 = +1€$$

$$\Delta_{2017} = p_{2017} - p_{2017} = 78 - 78 = 0€$$

$$\Delta_{2018} = p_{2018} - p_{2017} = 84 - 78 = 6€$$

$$\Delta_{2019} = p_{2019} - p_{2017} = 69 - 78 = -9€$$

Per il calcolo dei numeri indice, occorre dividere il prezzo di un certo anno (che indichiamo con p) per quello del 2017 (la base):

$$_{2017}I_t^{\square} = \frac{p_t}{p_{2017}}$$

Si ottiene:

$$_{2017}I_{2015}^{\square} = \frac{p_{2015}}{p_{2017}} = \frac{79}{78} = 1,013$$

$$_{2017}I_{2016}^{\square} = \frac{p_{2016}}{p_{2017}} = \frac{79}{78} = 1,013$$

$$_{2017}I_{2017}^{\square} = \frac{p_{2017}}{p_{2017}} = \frac{78}{78} = 1,000$$

$$_{2017}I_{2018}^{\square} = \frac{p_{2018}}{p_{2017}} = \frac{84}{78} = 1,077$$

$$_{2017}I^{\square}_{2019} = \frac{p_{2019}}{p_{2017}} = \frac{69}{78} = 0,885$$

La serie dei numeri indice con base fissa al 2017 è pertanto la seguente:

t	2015	2016	2017	2018	2019
$_{2017}I_t$	1,013	1,013	1,000	1,077	0,885

Chiaramente, il rapporto indice nel 2017 non può che essere pari a 1 (confronto con sé stesso).
Per quanto riguarda, invece, le variazioni relative:

$$\Delta_{r2015} = {}_{2017}I^{\square}_{2015} - 1 = 1,013 - 1 = 0,013$$

$$\Delta_{r2016} = {}_{2017}I^{\square}_{2016} - 1 = 1,013 - 1 = 0,013$$

$$\Delta_{r2017} = {}_{2017}I^{\square}_{2017} - 1 = 1,000 - 1 = 0,000$$

$$\Delta_{r2018} = {}_{2017}I^{\square}_{2018} - 1 = 1,077 - 1 = 0,077$$

$$\Delta_{r2019} = {}_{2017}I^{\square}_{2019} - 1 = 0,885 - 1 = -0,115$$

o in alternativa:

$$\Delta_{r2015} = \frac{\Delta_{2015}}{p_{2017}} = \frac{1}{78} = 0,013$$

$$\Delta_{r2016} = \frac{\Delta_{2016}}{p_{2017}} = \frac{1}{78} = 0,013$$

$$\Delta_{r2017} = \frac{\Delta_{2017}}{p_{2017}} = \frac{0}{78} = 0,000$$

$$\Delta_{r2018} = \frac{\Delta_{2018}}{p_{2017}} = \frac{6}{78} = 0,077$$

$$\Delta_{r2019} = \frac{\Delta_{2019}}{p_{2017}} = \frac{-9}{78} = -0,115$$

Da ultimo le variazioni percentuali:

$$\Delta_{\%2015} = \Delta_{r2015}100 = 0,013 \cdot 100 = +1,3\%$$

$$\Delta_{\%2016} = \Delta_{r2016}100 = 0,013 \cdot 100 = +1,3\%$$

$$\Delta_{\%2017} = \Delta_{r2017}100 = 0,000 \cdot 100 = 0\%$$

$$\Delta_{\%2018} = \Delta_{r2018}100 = 0,077 \cdot 100 = +7,7\%$$

$$\Delta_{\%2019} = \Delta_{r2019}100 = -0,115 \cdot 100 = -11,5\%$$

Rispetto al 2017 si osserva quasi sempre un prezzo più elevato. Solo nel 2019, ultimo anno del periodo di osservazione, il prezzo è stato più basso (diminuzione dell'11,5%).

ESERCIZIO 74

Si consideri la seguente serie di numeri indice a base mobile:

t	2015	2016	2017	2018	2019
$_{t-1}I_t$	-	0,672	1,200	1,185	1,016

Si ricavi la corrispondente serie di numeri indice con base fissa al 2017.

SOLUZIONE

In generale, per passare da una serie a base mobile a una serie a base fissa (b) si procede come segue:

a) se il tempo in questione (t) è inferiore al tempo base, si calcola il reciproco del prodotto dei numeri indice a base mobile fino al tempo base (compreso);

b) se il tempo t coincide con il tempo base, l'indice è chiaramente 1;

c) se il tempo t è superiore al tempo base, si calcola il prodotto dei numeri indice a base mobile successivi relativi a tempi successivi a quello base.

Lo schema da seguire, in definitiva, è il seguente:

$$\begin{cases} (\prod_{i=t+1}^{b} {}_{i-1}I_i^{\square})^{-1} & se \quad t < b \\ \quad\quad 1 & se \quad t = b \\ \prod_{i=b+1}^{t} {}_{i-1}I_i^{\square} & se \quad t > b \end{cases}$$

Procediamo con il calcolo degli indici:

$$_{2017}I_{2015}^{\square} = (_{2015}I_{2016}^{\square} \cdot {}_{2016}I_{2017}^{\square})^{-1} = \frac{1}{0,672 \cdot 1,2} = 1,240$$

$$_{2017}I_{2016}^{\square} = (_{2016}I_{2017}^{\square})^{-1} = \frac{1}{1,2} = 0,833$$

$$_{2017}I_{2017}^{\square} = 1,000$$

$$_{2017}I_{2018}^{\square} = {}_{2017}I_{2018}^{\square} = 1,185$$

$$_{2017}I_{2019} = {}_{2017}I_{2018} \cdot {}_{2018}I_{2019} = 1{,}185 \cdot 1{,}016 = 1{,}204$$

La corrispondente serie di numeri indice con base fissa al 2017 è:

t	2015	2016	2017	2018	2019
$_{2017}I_t$	1,240	0,833	1,000	1,185	1,204

ESERCIZIO 75

Si consideri la seguente serie di numeri indice con base fissa al 2017:

t	2015	2016	2017	2018	2019
$_{2017}I_t$	0,943	0,994	1,000	1,006	0,914

Si ricavi la corrispondente serie di numeri indice a base mobile.

SOLUZIONE

Per passare da una serie a base fissa a una serie a base mobile occorre dividere ciascun numero indice della serie per quello immediatamente precedente:

$$_{t-1}I_t = \frac{_bI_t}{_bI_{t-1}}$$

Chiaramente, il rapporto indice per il 2015 non potrà essere calcolato, essendo il primo anno della serie. Si ottiene:

$$_{2015}I_{2016} = \frac{_{2017}I_{2016}}{_{2017}I_{2015}} = \frac{0,994}{0,943} = 1,054$$

$$_{2016}I_{2017} = \frac{_{2017}I_{2017}}{_{2017}I_{2016}} = \frac{1,000}{0,994} = 1,006$$

$$_{2017}I_{2018} = \frac{_{2017}I_{2018}}{_{2017}I_{2017}} = \frac{1,006}{1,000} = 1,006$$

$$_{2018}I_{2019} = \frac{_{2017}I_{2019}}{_{2017}I_{2018}} = \frac{0,914}{1,006} = 0,909$$

La corrispondente serie di numeri indice a base mobile è:

t	2015	2016	2017	2018	2019
$_{t-1}I_t$	-	1,054	1,006	1,006	0,909

ESERCIZIO 76

Si consideri la seguente serie di numeri indice con base fissa al 2016:

t	2015	2016	2017	2018	2019
$_{2016}I_t$	0,948	1,000	1,006	1,012	0,919

Si ricavi la corrispondente serie di numeri indice con base fissa al 2018.

SOLUZIONE

Per passare da una serie a base fissa (b_1) a un'altra serie a base fissa (b_2) occorre dividere ciascun numero indice della serie per quello relativo al nuovo anno base (in questo caso il 2018):

$$_{b_2}I_t = \frac{_{b_1}I_t}{_{b_1=b_2}I_t}$$

Si ottiene:

$$_{2018}I_{2015} = \frac{_{2016}I_{2015}}{_{2016}I_{2018}} = \frac{0,948}{1,012} = 0,937$$

$$_{2018}I_{2016} = \frac{_{2016}I_{2016}}{_{2016}I_{2018}} = \frac{1,000}{1,012} = 0,988$$

$$_{2018}I_{2017} = \frac{_{2016}I_{2017}}{_{2016}I_{2018}} = \frac{1,006}{1,012} = 0,994$$

$$_{2018}I_{2018} = \frac{_{2016}I_{2018}}{_{2016}I_{2018}} = \frac{1,012}{1,012} = 1,000$$

$$_{2018}I_{2019} = \frac{_{2016}I_{2019}}{_{2016}I_{2018}} = \frac{0,919}{1,012} = 0,908$$

La corrispondente serie di numeri indice con base fissa al 2018 è:

t	2015	2016	2017	2018	2019
$_{2018}I_t$	0,937	0,988	0,994	1,000	0,908

ESERCIZIO 77

Consideriamo i prezzi in euro (p) e le quantità (q) relativi alla fornitura di materiale di ricambio ad un'officina per gli anni 2018 e 2019:

	p_{2018}	q_{2018}	p_{2019}	q_{2019}
candela	3,00 €	150	2,50 €	155
carburatore	58,30 €	50	55,70 €	40
cavalletto	25,10 €	40	26,00 €	50
marmitta	113,00 €	30	109,90 €	60
sella	28,00 €	20	29,90 €	25

Misurare la variazione nei prezzi e nelle quantità della fornitura nel 2019.

SOLUZIONE

Per ottenere una sintesi della variazione temporale (o anche spaziale) subita dai prezzi o dalle quantità di un paniere di beni occorrono numeri indice *complessi* (o *sintetici*).

In generale, la spessa complessiva per un aggregato di beni è ottenuta come prodotto tra prezzo e quantità, ed è definita *valore* (v). Si distingue tra valore al tempo base (b) e valore al tempo t:

$$v_b = \sum_{j=1}^{k} p_{jb}\, q_{jb} \qquad v_t = \sum_{j=1}^{k} p_{jt}\, q_{jt}$$

In questo caso, k è dato dalle 5 tipologie di beni che formano il paniere. La spesa complessiva per il 2018 (valore 2018) è:

$$v_{2018} = \sum_{j=1}^{k=5} p_{j2018}\, q_{j2018} = 3 \cdot 150 + \dots + 28 \cdot 20 = 8.319$$

mentre la spesa complessiva per il 2019 (valore 2019) è:

$$v_{2019} = \sum_{j=1}^{k=5} p_{j2019}\, q_{j2019} = 2,5 \cdot 155 + \dots + 29,9 \cdot 25 = 11.257$$

135

Il seguente rapporto tra aggregati di valore è definito *indice di valore*:

$$_b^v I_t^{\square} = \frac{v_t}{v_b}$$

In questo caso:

$$_{2018}^v I_{2019}^{\square} = \frac{v_{2019}}{v_{2018}} = \frac{11.257}{8.319} = 1,353167$$

e la variazione percentuale risulta:

$$\Delta_{r2019} = {}_{2018}^v I_{2019}^{\square} - 1 = 1,353167 - 1 = 0,353167 \rightarrow +35,3\%$$

Per quanto riguarda invece le seguenti somme:

$$\sum_{j=1}^{k} p_{jt}\, q_{jb} \qquad \sum_{j=1}^{k} p_{jb}\, q_{jt}$$

si tratta di valori virtuali, che si ottengono come prodotto tra i prezzi di un certo anno e le quantità di un altro anno:

$$\sum_{j=1}^{k=5} p_{j2019}\, q_{j2018} = 2,5 \cdot 150 + \ldots + 29,90 \cdot 20 = 8.095$$

$$\sum_{j=1}^{k=5} p_{j2018}\, q_{j2019} = 3 \cdot 155 + \ldots + 28 \cdot 25 = 11.532$$

Bene, l'*indice dei prezzi di Laspeyres* e l'*indice delle quantità di Laspeyres* utilizzano come pesi rispettivamente le quantità e i prezzi dell'anno base:

$$_b^p I_t^L = \frac{\sum_{j=1}^{k} p_{jt}\, q_{jb}}{v_b} \qquad _b^q I_t^L = \frac{\sum_{j=1}^{k} p_{jb}\, q_{jt}}{v_b}$$

Al contrario, l'*indice dei prezzi di Paasche* e l'*indice delle quantità di Paasche* utilizzano come pesi rispettivamente le quantità e i prezzi dell'anno corrente:

$$_b^p I_t^P = \frac{v_t}{\sum_{j=1}^{k} p_{jb}\, q_{jt}} \qquad _b^q I_t^P = \frac{v_t}{\sum_{j=1}^{k} p_{jt}\, q_{jb}}$$

Indici di Laspeyres:

$$_{2018}^{p}I^{L}_{2019} = \frac{\sum_{j=1}^{k=5} p_{j2019}\, q_{j2018}}{v_{2018}} = \frac{8.095}{8.319} = 0,973074$$

$$_{2018}^{q}I^{L}_{2019} = \frac{\sum_{j=1}^{k=5} p_{j2018}\, q_{j2019}}{v_{2018}} = \frac{11.532}{8.319} = 1,386224$$

Indici di Paasche:

$$_{2018}^{p}I^{P}_{2019} = \frac{v_{2019}}{\sum_{j=1}^{k=5} p_{j2018}\, q_{j2019}} = \frac{11.257}{11.532} = 0,976153$$

$$_{2018}^{q}I^{P}_{2019} = \frac{v_{2019}}{\sum_{j=1}^{k=5} p_{j2019}\, q_{j2018}} = \frac{11.257}{8.095} = 1,390611$$

Gli indici di Laspeyres hanno una *tendenziosità positiva*. Per esempio, sappiamo che, per la legge della domanda e dell'offerta, in caso di aumento dei prezzi le quantità diminuiscono, mentre quando i prezzi diminuiscono le quantità aumentano, ma la risposta delle quantità non viene mai presa in considerazione dall'indice (quantità ferme all'anno base), il quale finisce pertanto per sopravvalutare l'aumento dei prezzi o sottovalutarne la diminuzione. Al contrario, gli indici di Paasche hanno una *tendenziosità negativa*. Tornando all'esempio sopra, l'indice finisce per sottovalutare l'aumento dei prezzi o sopravvalutarne la diminuzione.

Non solo, questi indici non soddisfano la proprietà della *scomposizione delle cause*:

$$_{b}^{p}I_{t}^{L}\; _{b}^{q}I_{t}^{L} \neq\; _{b}^{v}I_{t}^{\square}$$

$$_{b}^{p}I_{t}^{P}\; _{b}^{q}I_{t}^{P} \neq\; _{b}^{v}I_{t}^{\square}$$

ovverosia, in questo caso:

$$_{2018}^{p}I_{2019}^{L}\; _{2018}^{q}I_{2019}^{L} \neq\; _{2018}^{v}I_{2019}^{\square}$$

$$_{2018}^{p}I_{2019}^{P}\; _{2018}^{q}I_{2019}^{P} \neq\; _{2018}^{v}I_{2019}^{\square}$$

infatti:

$$0,973074 \cdot 1,386224 \neq 1,353167$$

$$0,976153 \cdot 1,390611 \neq 1,353167$$

Se si desiderano degli indici che sintetizzino i risultati degli indici di

Laspeyres e Paasche, e che siano in grado di soddisfare anche la proprietà della scomposizione delle cause, allora si può ricorrere agli *indici di Fisher*, ottenuti come media geometrica degli indici di Laspeyres e Paasche:

$$_b^pI_t^F = \sqrt{_b^pI_t^L \ _b^pI_t^P} = \sqrt{0,973074 \cdot 0,976153} = 0,974612$$

$$_b^qI_t^F = \sqrt{_b^qI_t^L \ _b^qI_t^P} = \sqrt{1,386224 \cdot 1,390611} = 1,388416$$

con:

$$_b^pI_t^F \ _b^qI_t^F = _b^vI_t^{\square}$$

e infatti:

$$0,974612 \cdot 1,388416 = 1,353167$$

12. Tabelle di contingenza

> ESERCIZIO 78

In un collettivo di lavoratori sono state rilevate le variabili genere e qualifica contrattuale. I dati sono riportati di seguito (prima lettera tra parentesi riferita al genere, la seconda alla qualifica):

M, C   M, D   F, B   F, D   M, C   F, C   M, C   M, B   F, C

M, D   M, C   F, B   F, C   M, C   F, C   F, D   M, C   F, B

Ricavare la distribuzione doppia di frequenza.

SOLUZIONE

La *distribuzione doppia di frequenza* è fornita da una *tabella di contingenza* (o *tabella doppia*, *tabella a doppia entrata*).
Sulle righe riportiamo le modalità del carattere genere (maschio o femmina, indicati con M e F), sulle colonne riportiamo invece le modalità del carattere qualifica contrattuale (categorie B, C e D). Si ottiene la seguente tabella 2x3 (2 righe e 3 colonne):

	B	C	D
M	1	6	2
F	3	4	2

Se indichiamo con X la variabile genere sulle $h = 2$ righe, con Y la variabile qualifica contrattuale sulle $k = 3$ colonne, con i la generica modalità di X e con j la generica modalità di Y, allora possiamo riferirci alle modalità delle due variabili mediante la seguente simbologia:

$$x_{i=1} = M \qquad x_{i=2} = F \qquad y_{j=1} = B \qquad y_{j=2} = C \qquad y_{j=3} = D$$

o più semplicemente:

$$x_1 = M \qquad x_2 = F \qquad y_1 = B \qquad y_2 = C \qquad y_3 = D$$

All'interno della tabella troviamo invece le frequenze assolute *congiunte*, ossia il numero di unità che presentano contemporaneamente l'i-esima

139

modalità di X e la j-esima modalità di Y:

	B	C	D
M	1	6	2
F	3	4	2

che indichiamo genericamente con n_{ij}, e che in questo caso risultano:

$$n_{i=1,j=1} = 1 \qquad n_{i=1,j=2} = 6 \qquad n_{i=1,j=3} = 2$$

$$n_{i=2,j=1} = 3 \qquad n_{i=2,j=2} = 4 \qquad n_{i=2,j=3} = 2$$

o più semplicemente:

$$n_{11} = 1 \qquad n_{12} = 6 \qquad n_{13} = 2 \qquad n_{21} = 3 \qquad n_{22} = 4 \qquad n_{23} = 2$$

Esse ci dicono che nel collettivo abbiamo 1 lavoratore maschio di categoria B, 6 maschi di categoria C, 2 maschi di categoria D, 3 femmine di categoria B, 4 femmine di categoria C e 2 femmine di categoria D.

Dai totali della tabella troviamo le frequenze assolute *marginali*, più precisamente *marginali di riga* (totali delle righe), indicate genericamente con $n_{i.}$, e *marginali di colonna* (totali delle colonne), indicate con $n_{.j}$:

	B	C	D	*tot*
M	1	6	2	9
F	3	4	2	9
tot	4	10	4	18

In questo caso, si hanno le seguenti frequenze marginali di riga:

$$n_{1.} = 9 \qquad n_{2.} = 9$$

e di colonna:

$$n_{.1} = 4 \qquad n_{.2} = 10 \qquad n_{.3} = 4$$

Esse ci dicono che nel collettivo abbiamo 9 maschi, 9 femmine, 4 lavoratori di categoria B, 10 di categoria C e 4 di categoria D. Le frequenze marginali coincidono con le distribuzioni semplici delle due variabili:

x_j	M	F
n_j	9	9

y_j	B	C	D
n_j	4	10	4

L'ultima cella in fondo a destra nella tabella doppia, che indichiamo con n, riporta il numero di unità statistiche che formano il collettivo, in questo caso 18 lavoratori, e si ottiene come somma delle frequenze congiunte, delle marginali di riga o delle marginali di colonna:

	B	C	D	*tot*
M	1	6	2	9
F	3	4	2	9
tot	4	10	4	18

La tabella doppia che abbiamo costruito fornisce la distribuzione doppia di frequenze assolute. Dividendo queste per il numero di unità ($n = 18$) otteniamo la distribuzione doppia di frequenze relative:

	B	C	D	*tot*
M	0,056	0,333	0,111	0,500
F	0,167	0,222	0,111	0,500
tot	0,222	0,556	0,222	1,000

Moltiplicando le frequenze relative congiunte per 100 otteniamo infine la distribuzione doppia di frequenze percentuali:

	B	C	D	*tot*
M	5,6	33,3	11,1	50,0
F	16,7	22,2	11,1	50,0
tot	22,2	55,6	22,2	100,0

Da quest'ultima sappiamo, per esempio, che nel collettivo il 50% sono lavoratori maschi, il 22,2% sono lavoratori di categoria B e che il 5,6% sono lavoratori maschi di categoria B.

ESERCIZIO 79

Si somministra un questionario a 100 clienti di un'azienda, di seguito riportati in base al genere e all'eventuale soddisfazione - dichiarata in uno dei quesiti del questionario - per il servizio complessivamente ricevuto negli anni:

	M	F
Sì	19	37
No	28	16

In termini percentuali, quanti hanno risposto "No" tra i clienti di genere femminile?

SOLUZIONE

Ricaviamo innanzitutto i totali della tabella (frequenze marginali):

	M	F	tot
Sì	19	37	56
No	28	16	44
tot	47	53	100

Oltre a quelle congiunte e marginali, in una tabella doppia possono essere individuate anche le frequenze assolute *condizionate*, ossia la distribuzione delle unità secondo uno dei due caratteri osservata in uno dei gruppi del collettivo, gruppi definiti dalle modalità dell'altro carattere. In questo caso, siamo interessati alla distribuzione dei clienti in base all'eventuale soddisfazione dichiarata, ma per il solo gruppo delle femmine. Di seguito è indicata la distribuzione di frequenze assolute di X condizionate a $y = F$:

	M	F	tot
Sì	19	[37]	56
No	28	[16]	44
tot	47	53	100

dove:

$$n_1(X \mid y = F) = n_{12} = 37$$
$$n_2(X \mid y = F) = n_{22} = 16$$

In un'ottica di statistica univariata, possiamo rappresentare la distribuzione come segue:

x_j	Sì	No
n_j	37	16

La distribuzione condizionata ci dice che tra le risposte fornite dai clienti di genere femminile ci sono stati 37 "Sì" e 16 "No". Dividendo le frequenze assolute condizionate per il totale del gruppo delle femmine (53) si ottiene la corrispondente distribuzione di frequenze relative di X condizionate a $y = F$:

$$f_1(X \mid y = F) = \frac{n_{12}}{n_{.2}} = \frac{37}{53} = 0,698$$

$$f_2(X \mid y = F) = \frac{n_{22}}{n_{.2}} = \frac{16}{53} = 0,302$$

Moltiplicando poi per 100 le frequenze relative condizionate si ottiene la corrispondente distribuzione di frequenze percentuali di X condizionate a $y = F$:

$$p_1(X \mid y = F) = f_1(X \mid y = F)100 = 0,698 \cdot 100 = 69,8$$
$$p_2(X \mid y = F) = f_2(X \mid y = F)100 = 0,302 \cdot 100 = 30,2$$

In conclusione, osservando i soli clienti di genere femminile, coloro che si sono dichiarati non soddisfatti sono il 30,2%.

13. Connessione

<hr>

ESERCIZIO 80

La seguente tabella riporta la distribuzione doppia di frequenza relativa alle variabili genere (righe) e macroarea italiana di residenza (sulle colonne: Nord, Centro e Mezzogiorno) in una popolazione di studenti:

	Nord	Centro	Mezz
M	34	46	39
F	56	12	11

Verificare l'associazione statistica tra le due variabili.

SOLUZIONE

Lo studio dell'associazione tra due caratteri qualitativi sconnessi prende il nome di *associazione statistica* (o *associazione assoluta, associazione in distribuzione, connessione*). In generale, due caratteri sono associati in distribuzione quando la conoscenza della modalità di uno dei due caratteri migliora la "previsione" della modalità dell'altro; al contrario, tra le variabili sussisterà *indipendenza statistica*.

Calcoliamo innanzitutto i totali della tabella (frequenze marginali):

	Nord	Centro	Mezz	*tot*
M	34	46	39	119
F	56	12	11	79
tot	90	58	50	198

La prima strada per verificare l'associazione tra le due variabili è attraverso le distribuzioni di frequenze relative o percentuali condizionate. Ricaviamo le distribuzioni di frequenze percentuali di X condizionate a Y, dividendo le frequenze congiunte per le frequenze marginali di colonna (totali di colonna):

	Nord	Centro	Mezz	
M	37,8	79,3	78,0	60,1
F	62,2	20,7	22,0	39,9
tot	100,0	100,0	100,0	100,0

Le distribuzioni condizionate di X non sono costanti, differiscono tra loro e dalla distribuzione marginale di riga, notiamo infatti che le percentuali di maschi e femmine, rispettivamente 60,1% e 39,9% nell'intera popolazione, nei 3 gruppi cambiano, ad esempio nel gruppo dei residenti al Nord risultano 37,8% e 62,2%. La conoscenza pregressa della modalità di Y migliora dunque la previsione sulla X (le percentuali cambiano): tra le due variabili c'è pertanto associazione statistica.

L'associazione in distribuzione è un'associazione bidirezionale (*interdipendenza*), nel senso che, invertendo l'analisi, anche le distribuzioni di frequenze percentuali di Y condizionate a X - si dividono le frequenze congiunte per le frequenze marginali di riga (totali di riga) - risulteranno diverse:

	Nord	Centro	Mezz	*tot*
M	28,6	38,7	32,8	100,0
F	70,9	15,2	13,9	100,0
	45,5	29,3	25,3	100,0

Come previsto, le distribuzioni condizionate di Y non sono costanti, notiamo infatti che le percentuali di residenti al Nord, al Centro e nel Mezzogiorno, rispettivamente 45,5%, 29,3% e 25,3% nell'intera popolazione, nei 2 gruppi cambiano, ad esempio nel gruppo dei maschi (M) risultano 28,6%, 38,7% e 32,8%. Anche in questo caso, la conoscenza pregressa della modalità di X migliora la previsione sulla Y (le percentuali cambiano): confermiamo pertanto l'associazione statistica tra le due variabili.

Le frequenze assolute congiunte riportate dal testo sono quelle che possiamo definire *empiriche* (o *effettive*), cioè quelle effettivamente osservate. Ma quali frequenze avremmo osservato se le due variabili fossero state indipendenti? A questa domanda rispondono le frequenze congiunte *attese* (o *teoriche*), che costituiscono la seconda via per verificare l'eventuale associazione statistica tra le variabili. Sono così definite:

$$n_{ij}{}^* = \frac{n_{i.}n_{.j}}{n}$$

Calcoliamo le frequenze teoriche:

$$n_{11}{}^* = \frac{n_{1.}n_{.1}}{n} = \frac{119 \cdot 90}{198} = 54,09$$

$$n_{12}{}^* = \frac{n_{1.}n_{.2}}{n} = \frac{119 \cdot 58}{198} = 34,86$$

$$n_{13}{}^* = \frac{n_{1.}n_{.3}}{n} = \frac{119 \cdot 50}{198} = 30,05$$

$$n_{21}{}^* = \frac{n_{2.}n_{.1}}{n} = \frac{79 \cdot 90}{198} = 35,91$$

$$n_{22}{}^* = \frac{n_{2.}n_{.2}}{n} = \frac{79 \cdot 58}{198} = 23,14$$

$$n_{23}{}^* = \frac{n_{2.}n_{.3}}{n} = \frac{79 \cdot 50}{198} = 19,95$$

Si ottiene la seguente *tabella di indipendenza*:

	Nord	Centro	Mezz	*tot*
M	54,09	34,86	30,05	119,00
F	35,91	23,14	19,95	79,00
	90,00	58,00	50,00	198,00

Come possiamo notare, le frequenze teoriche sono diverse da quelle osservate (fornite dal testo): confermiamo pertanto l'associazione statistica tra le variabili genere e macroarea italiana di residenza.

Per fare un esempio, riferendoci alla prima riga e alla prima colonna delle tabelle, vediamo che sotto l'ipotesi di indipendenza avremmo dovuto osservare 54 maschi residenti al Nord ($n_{11}{}^*$), ma nella realtà ne abbiamo rilevati 34 (n_{11}):

$$n_{11}{}^* \neq n_{11}$$

È sufficiente che sia diversa anche solo una cella per avere associazione.

ESERCIZIO 81

La seguente tabella riporta la distribuzione doppia di frequenza relativa alle variabili cittadinanza (sulle righe) e strumento musicale preferito (sulle colonne) in una popolazione di adolescenti:

	chitarra	piano	violino
italiana	14	46	19
straniera	3	6	6

Misurare il grado di associazione statistica tra le variabili.

SOLUZIONE

Ricaviamo innanzitutto i totali della tabella (frequenze marginali):

	chitarra	piano	violino	*tot*
italiana	14	46	19	79
straniera	3	6	6	15
tot	17	52	25	94

Un primo indice di connessione che possiamo ricavare è l'*indice di Mortara* (o *indice di contingenza media assoluta*), che consente di valutare la differenza tra le frequenze empiriche e le frequenze teoriche (quelle attese sotto l'ipotesi di indipendenza). La formula è la seguente:

$$M = \sum_{i=1}^{h} \sum_{j=1}^{k} \frac{|c_{ij}|}{2n}$$

dove *cij* indica la differenza tra le due tipologie di frequenze, denominata *contingenza*:

$$c_{ij} = n_{ij} - n_{ij}^{*}$$

e ricordando che:

$$n_{ij}^{*} = \frac{n_{i.}n_{.j}}{n}$$

L'indice di Mortara assume valore 0 con l'indipendenza statistica, mentre tende a 1 in caso di massima associazione. Ricaviamo le contingenze:

$$c_{11} = n_{11} - \frac{n_{1.}n_{.1}}{n} = 14 - \frac{79 \cdot 17}{94} = 14 - 14{,}287 = -0{,}287$$

$$c_{12} = n_{12} - \frac{n_{1.}n_{.2}}{n} = 46 - \frac{79 \cdot 52}{94} = 46 - 43{,}702 = 2{,}298$$

$$c_{13} = n_{13} - \frac{n_{1.}n_{.3}}{n} = 19 - \frac{79 \cdot 25}{94} = 19 - 21{,}011 = -2{,}011$$

$$c_{21} = n_{21} - \frac{n_{2.}n_{.1}}{n} = 3 - \frac{15 \cdot 17}{94} = 3 - 2{,}713 = 0{,}287$$

$$c_{22} = n_{22} - \frac{n_{2.}n_{.2}}{n} = 6 - \frac{15 \cdot 52}{94} = 6 - 8{,}298 = -2{,}298$$

$$c_{23} = n_{23} - \frac{n_{2.}n_{.3}}{n} = 6 - \frac{15 \cdot 25}{94} = 6 - 3{,}989 = 2{,}011$$

Si ottiene la seguente tabella delle contingenze:

	chitarra	piano	violino	*tot*
italiana	−0,287	2,298	−2,011	0,000
straniera	0,287	−2,298	2,011	0,000
tot	0,000	0,000	0,000	0,000

Da notare che la somma delle contingenze è nulla:

$$\sum_{i=1}^{h} \sum_{j=1}^{k} c_{ij} = (-0{,}287) + \dots + 2{,}011 = 0$$

Il valore dell'indice di Mortara non è nullo, il che conferma la connessione:

$$M = \frac{|-0{,}287| + \dots + 2{,}011}{2 \cdot 94} = 0{,}049$$

La somma delle contingenze quadratiche rapportate alle frequenze teoriche fornisce invece l'*indice chi quadro* (o *chi quadrato*) *di Pearson*:

$$\chi^2 = \sum_{i=1}^{h} \sum_{j=1}^{k} \frac{c_{ij}^2}{n_{ij}^*}$$

L'indice chi quadro risulta:

$$\chi^2 = \frac{-0{,}287^2}{14{,}287} + \ldots + \frac{2{,}011^2}{3{,}989} = 1{,}999$$

In verità, l'indice può essere calcolato anche senza ricorrere alle contingenze:

$$\chi^2 = \sum_{i=1}^{h} \sum_{j=1}^{k} \frac{n_{ij}^2}{n_{ij}^*} - n$$

o addirittura senza ricorrere alle frequenze teoriche:

$$\chi^2 = \left(\sum_{i=1}^{h} \sum_{j=1}^{k} \frac{n_{ij}^2}{n_{i.}n_{.j}} - 1 \right) n$$

E infatti:

$$\chi^2 = \frac{14^2}{14{,}287} + \ldots + \frac{6^2}{3{,}989} - 94 = 1{,}999$$

$$\chi^2 = \left(\frac{14^2}{79 \cdot 17} + \cdots + \frac{6^2}{15 \cdot 25} - 1 \right) 94 = 1{,}999$$

L'indice chi quadro assume valore 0 se c'è indipendenza statistica, mentre in caso di massima associazione (*interdipendenza perfetta*) assume valore massimo:

$$\chi^2_{max} = n[min(h,k) - 1]$$

In questo caso, il valore dell'indice non è nullo: anche questo risultato indica associazione tra le variabili.
Per migliorare la sua interpretazione si rapporta il valore ottenuto al suo massimo:

$$\chi^2_{max} = 94[min(2,3) - 1] = 94 \cdot 1 = 94$$

ottenendo così un indice normalizzato, con valori compresi tra 0 e 1:

$$\chi^2{}_{norm} = \frac{\chi^2}{\chi^2{}_{max}} = \frac{1,999}{94} = 0,021$$

Il problema di questo indice è che è ancora su scala quadratica. Si ricorre allora alla radice quadrata, ottenendo così un indicatore sì normalizzato ma su scala lineare, l'*indice V di Cramér*:

$$V = \sqrt{\chi^2{}_{norm}} = \sqrt{0,021} = 0,146$$

L'indice suggerisce una debole connessione tra i caratteri, pari al 14,6%. Un altro modo per arrivare al V di Cramér è attraverso l'*indice phi quadro di Pearson* (o *indice di contingenza media quadratica*), che nasce per risolvere il problema della dipendenza dell'indice chi quadro dalla numerosità dei dati (n):

$$\varphi^2 = \frac{\chi^2}{n}$$

L'indice assume valore 0 in caso di indipendenza statistica, mentre in caso di massima associazione assume valore massimo:

$$\varphi^2{}_{max} = min(h, k) - 1$$

L'indice phi quadro risulta:

$$\varphi^2 = \frac{1,999}{94} = 0,021$$

Il valore dell'indice non è nullo: il risultato conferma l'associazione tra i caratteri. Anche in questo caso possiamo migliorare la sua interpretazione rapportando il valore ottenuto al suo massimo:

$$\varphi^2{}_{max} = min(2, 3) - 1 = 2 - 1 = 1$$

ottenendo così un indice normalizzato:

$$\varphi^2{}_{norm} = \frac{\varphi^2}{\varphi^2{}_{max}} = \frac{0,021}{1} = 0,021$$

Anche questo indice è ancora su scala quadratica, si ricorre pertanto alla sua radice quadrata, ottenendo ancora una volta l'indice V di Cramér:

$$V = \sqrt{\varphi^2{}_{norm}} = \sqrt{0,021} = 0,146$$

ESERCIZIO 82

Si consideri la seguente distribuzione doppia di frequenza:

	y_1	y_2
x_1	16	15
x_2	26	9

Calcolare l'indice T di Tschuprow.

SOLUZIONE

Ricaviamo innanzitutto i totali della tabella (frequenze marginali):

	y_1	y_2	tot
x_1	16	15	31
x_2	26	9	35
tot	42	24	66

L'*indice T di Tschuprow* è un indicatore di connessione molto simile al V di Cramér, costruito a partire dall'indice chi quadro. Anche questo indice è di tipo normalizzato, ma il suo limite - rispetto al V di Cramér - è che può assumere valore 1 (in caso di massima connessione) solo con tabelle quadrate.
Iniziamo calcolando le contingenze come segue:

$$c_{ij} = n_{ij} - n_{ij}^*$$

e ricordando che la formula per le frequenze teoriche è:

$$n_{ij}^* = \frac{n_{i.}n_{.j}}{n}$$

Si ottengono le seguenti differenze:

$$c_{11} = n_{11} - \frac{n_{1.}n_{.1}}{n} = 16 - \frac{31 \cdot 42}{66} = 16 - 19{,}727 = -3{,}727$$

$$c_{12} = n_{12} - \frac{n_{1.}n_{.2}}{n} = 15 - \frac{31 \cdot 24}{66} = 15 - 11{,}273 = 3{,}727$$

$$c_{21} = n_{21} - \frac{n_{2.}n_{.1}}{n} = 26 - \frac{35 \cdot 42}{66} = 26 - 22,273 = 3,727$$

$$c_{22} = n_{22} - \frac{n_{2.}n_{.2}}{n} = 9 - \frac{35 \cdot 24}{66} = 9 - 12,727 = -3,727$$

Calcoliamo ora l'indice chi quadro e quindi l'indice phi quadro:

$$\chi^2 = \sum_{i=1}^{h}\sum_{j=1}^{k} \frac{c_{ij}^{2}}{n_{ij}^{*}} = \frac{-3,727^2}{19,727} + \frac{3,727^2}{11,273} + \frac{3,727^2}{22,273} + \frac{-3,727^2}{12,727} = 3,652$$

L'indice T di Tschuprow è così definito:

$$T = \sqrt{\frac{\chi^2}{n\sqrt{(h-1)(k-1)}}}$$

Si ottiene:

$$T = \sqrt{\frac{3,652}{66\sqrt{(2-1)(2-1)}}} = 0,235$$

In alternativa, si può calcolare l'indice T sfruttando la contingenza quadratica media:

$$\varphi^2 = \frac{\chi^2}{n} = \frac{3,652}{66} = 0,055$$

Infatti:

$$T = \sqrt{\frac{\varphi^2}{\sqrt{(h-1)(k-1)}}} = \sqrt{\frac{0,055}{\sqrt{(2-1)(2-1)}}} = 0,235$$

ESERCIZIO 83

Si consideri la seguente tabella a doppia entrata:

	M	F
A	365	326
B	401	340
C	122	511

Calcolare gli indici lambda di Goodman e Kruskal.

SOLUZIONE

Ricaviamo innanzitutto i totali della tabella (frequenze marginali):

	M	F	*tot*
A	365	326	691
B	401	340	741
C	122	511	633
tot	888	1.177	2.065

L'*indice lambda di Goodman e Kruskal* è un indice *asimmetrico* di associazione che consente di effettuare cioè un'analisi di *dipendenza statistica*, sulla base del miglioramento della "previsione" di un carattere in virtù della conoscenza della modalità dell'altro.

Partiamo dal fatto che, per esempio, la previsione più logica di Y che possiamo ricavare basandoci sulla sola distribuzione semplice di frequenza (marginali di colonna) è quella che si basa sulla sua moda, in questo caso $x = F$, con frequenza assoluta 1.177, che possiamo indicare con $n_{Mo(Y)}$. In questo senso, la frequenza dei casi che non corrispondono al valore modale rappresenta il numero di errori di previsione che rischiamo di commettere nel prevedere la modalità di Y in questo modo:

$$E_1 = n - n_{Mo(Y)}$$

ossia:

$$E_1 = 2.065 - 1.177 = 888$$

153

Conoscendo invece la modalità assunta da X, la migliore previsione sarà data dalla moda di Y in corrispondenza della i-esima riga, con frequenza assoluta che possiamo indicare con $n_{Mo(Y|xi)}$. In questo caso, il numero di errori possibili coinciderà con la seguente quantità:

$$E_2 = \sum_{i=1}^{h} (n_{i.} - n_{Mo(Y|x_i)})$$

o in alternativa:

$$E_2 = n - \sum_{i=1}^{h} n_{Mo(Y|x_i)}$$

Si ottiene:

$$E_2 = (691 - 365) + (741 - 401) + (633 - 511) = 788$$

oppure:

$$E_2 = 2.065 - (365 + 401 + 511) = 788$$

L'indice lamba è un indicatore della *riduzione proporzionale nell'errore* (PRE). L'indice che misura la dipendenza di Y da X è così definito dal seguente rapporto:

$$\lambda_{Y|X} = \frac{E_1 - E_2}{E_1}$$

L'indice è di tipo normalizzato. In particolare, assume valore 0 se la conoscenza della modalità assunta dall'altro carattere non migliora la previsione; attenzione, se l'indice è 0, ciò non implica che i caratteri siano indipendenti, ma, al contrario, in caso di indipendenza il suo valore sarà nullo. In questo caso, l'indice è pari a:

$$\lambda_{Y|X} = \frac{888 - 788}{888} = 0,113$$

Esiste comunque anche una formula abbreviata:

$$\lambda_{Y|X} = \frac{\sum_{i=1}^{h} n_{Mo(Y|x_i)} - n_{Mo(Y)}}{n - n_{Mo(Y)}}$$

E infatti:

$$\lambda_{Y|X} = \frac{(365 + 401 + 511) - 1.177}{2.065 - 1.177} = 0,113$$

Il numero di errori previsionali diminuisce dunque dell'11,3% se, per prevedere la Y, teniamo conto anche della X.

In modo del tutto analogo possiamo valutare il miglioramento nella previsione di X tenendo conto di Y. Le formule per la valutazione degli errori previsionali sono le seguenti:

$$E_1 = n - n_{Mo(X)}$$

$$E_2 = \sum_{j=1}^{k} (n_{.j} - n_{Mo(X|y_j)})$$

o in alternativa:

$$E_2 = n - \sum_{j=1}^{k} n_{Mo(X|y_j)}$$

Si ottiene:

$$E_1 = 2.065 - 741 = 1.324$$

$$E_2 = (888 - 401) + (1.177 - 511) = 1.153$$

oppure:

$$E_2 = 2.065 - (401 + 511) = 1.153$$

Formula dell'indice:

$$\lambda_{X|Y} = \frac{E_1 - E_2}{E_1}$$

Esso risulta:

$$\lambda_{X|Y} = \frac{1.324 - 1.153}{1.324} = 0,129$$

Con la formula abbreviata:

$$\lambda_{X|Y} = \frac{\sum_{j=1}^{k} n_{Mo(X|y_j)} - n_{Mo(X)}}{n - n_{Mo(X)}} = \frac{(401 + 511) - 741}{2.065 - 741} = 0,129$$

ESERCIZIO 84

Sia data la seguente tabella doppia:

	y_1	y_2	y_3	tot
x_1				39
x_2	18			
x_3				
tot		27		

Completare la tabella così da ottenere una situazione di associazione perfetta tra le variabili X e Y.

SOLUZIONE

L'associazione *perfetta* fa riferimento a una situazione di massima associazione statistica tra le variabili.

In generale, una variabile X dipende perfettamente da una variabile Y se, per ogni modalità di Y, si osserva una sola modalità di X con frequenza non nulla. Viceversa, una variabile Y dipende perfettamente da una variabile X se, per ogni modalità di X, si osserva una sola modalità di Y con frequenza non nulla.

Si tratta di due situazioni di *dipendenza perfetta*; quando si verificano entrambe contemporaneamente, allora si può parlare di *interdipendenza perfetta*.

Una situazione di massima associazione statistica, che rispetti i vincoli rappresentati dalle tre celle non vuote in tabella, è la seguente:

	y_1	y_2	y_3	tot
x_1	0	0	39	39
x_2	18	0	0	18
x_3	0	27	0	27
tot	18	27	39	84

In questa tabella, X dipende perfettamente da Y perché nel gruppo delle unità con y_1 tutte e 18 presentano la modalità x_2, nel gruppo delle unità con

y_2 tutte e 27 presentano la modalità x_3 e nel gruppo delle unità con y_3 tutte e 39 presentano la modalità x_1. Analogamente, Y dipende perfettamente da X perché nel gruppo delle unità con x_1 tutte e 39 presentano la modalità y_3, nel gruppo delle unità con x_2 tutte e 18 presentano la modalità y_1 e nel gruppo delle unità con x_3 tutte e 27 presentano la modalità y_2. Tra le variabili X e Y c'è pertanto massima associazione statistica (interdipendenza perfetta).

Situazioni di sola dipendenza perfetta sono riportate nelle seguenti tabelle, non quadrate:

	y_1	y_2	y_3	tot
x_1	0	8	29	37
x_2	15	0	0	15
tot	15	8	29	52

	y_1	y_2	tot
x_1	0	3	3
x_2	11	0	11
x_3	0	24	24
tot	11	27	38

Nella prima tabella 2x3, X dipende perfettamente da Y, ma non vale il viceversa. Nella seconda tabella 3x2, Y dipende perfettamente da X, ma non vale il viceversa. In altre parole, si può avere interdipendenza perfetta solo nel caso di tabelle quadrate.

In generale, un indice di connessione assumerà valore massimo sia nei casi di dipendenza perfetta che in caso di interdipendenza perfetta.

14. Concordanza e cograduazione tra graduatorie

ESERCIZIO 85

Nella seguente tabella è riportata la distribuzione doppia di frequenza riferita ai caratteri posizionamento sul podio (sulle righe) e statura (sulle colonne) per un collettivo di atleti:

	bassa	media	alta
1°	33	5	43
2°	19	57	65
3°	24	87	23

Misurare l'associazione tra le due variabili ordinali.

SOLUZIONE

Si tratta di studiare l'associazione tra due variabili qualitative ordinali. In questi casi, tra le variabili c'è *concordanza* (associazione positiva) quando le modalità di ordine elevato (o basso) di un carattere si associano più frequentemente alle modalità di ordine elevato (o basso) dell'altro carattere (relazione diretta). Al contrario, c'è *discordanza* (associazione negativa) quando le modalità di ordine elevato (o basso) di un carattere si associano più frequentemente alle modalità di ordine basso (o elevato) dell'altro carattere (relazione inversa).

Un primo indice utilizzato per misurare l'associazione tra variabili ordinali è l'*indice gamma di Goodman e Kruskal*. L'indice è così definito:

$$\gamma = \frac{N_c - N_d}{N_c + N_d}$$

dove N_c è il numero di coppie di unità ordinate allo stesso modo sui due caratteri (concordanze) e N_d è il numero di coppie di unità ordinate in modo diverso (discordanze).

Ricaviamo innanzitutto i totali della tabella (frequenze marginali):

	bassa	media	alta	*tot*
1°	33	5	43	81
2°	19	57	65	141
3°	24	87	23	134
tot	76	149	131	356

Per ricavare le *concordanze* possiamo considerare le sole celle per le quali sia possibile salire di livello in entrambi gli ordinamenti, e per queste si moltiplica la frequenza della cella per la somma delle frequenze che si riferiscono a modalità di ordine più elevato per entrambe le variabili:

Cella	Calcolo	TOT
(1°, bassa)	33(57+65+87+23)	7.656
(1°, media)	5(65+23)	440
(2°, bassa)	19(87+23)	2.090
(2°, media)	57(23)	1.311

Ad esempio, le unità con modalità (1°, bassa) devono essere considerate assieme alle unità con modalità (2°, media), (2°, alta), (3°, media) e (3°, alta), ovvero quelle unità che hanno entrambe le modalità che si trovano più in alto nell'ordinamento (da "1°" a "2°" o "3°", da "bassa" a "media" o "alta"). Il calcolo sarà quindi il seguente:

$$33 \cdot 57 = 1.881 \quad 33 \cdot 65 = 2.145 \quad 33 \cdot 87 = 2.871 \quad 33 \cdot 23 = 759$$

$$1.881 + 2.145 + 2.871 + 759 = 7.656$$

o più semplicemente:

$$33(57 + 65 + 87 + 23) = 7.656$$

Le concordanze pertanto sono:

$$N_c = 7.656 + 440 + 2.090 + 1.311 = 11.497$$

Per le *discordanze* si considerano invece le sole celle per le quali sia possibile salire in un ordinamento e scendere nell'altro, e per queste si moltiplica la frequenza della cella per la somma delle frequenze che si riferiscono a modalità di ordine più elevato in una variabile e più basso nell'altra.

Considerando i casi in cui la X sale e la Y scende, si ottiene:

Cella	Calcolo	TOT
(1°, media)	5(19+24)	215
(1°, alta)	43(19+57+24+87)	8.041
(2°, media)	57(24)	1.368
(2°, alta)	65(24+87)	7.215

Discordanze:

$$N_d = 215 + 8.041 + 1.368 + 7.215 = 16.839$$

Calcoliamo l'indice gamma:

$$\gamma = \frac{N_c - N_d}{N_c + N_d} = \frac{11.497 - 16.839}{11.497 + 16.839} = -0,189$$

L'indice gamma è un indice normalizzato, con valori compresi tra −1 e 1: assume valore 0 in caso di indipendenza (ma non vale il viceversa), ovvero quando concordanze e discordanze coincidono, 1 se l'ordinamento delle coppie rispetto ai due caratteri è sempre concorde, −1 se l'ordinamento delle coppie rispetto ai due caratteri è sempre discorde.
In questo caso, il segno negativo dell'indice suggerisce che un miglior posizionamento sul podio (X) corrisponde più frequentemente a una più bassa statura (Y). La discordanza, in questo caso, è pari al 18,9%, e ciò può essere anche interpretato come segue: se nel prevedere l'ordine delle coppie rispetto a una variabile si tiene conto anche dell'ordinamento rispetto all'altra, gli errori previsionali diminuiscono del 18,9%.
Il problema dell'indice gamma è che non tiene conto del numero di coppie di unità che rispetto a uno dei due caratteri presentano uguale modalità; in questo senso, un elevato numero di coppie a pari merito tende ad elevarne il valore. Per ovviare a questo problema si può utilizzare l'*indice τ_b di Kendall*:

$$\tau_b = \frac{N_c - N_d}{\sqrt{(N_c + N_d + T_X)(N_c + N_d + T_Y)}}$$

dove T_X è il numero di coppie che presentano uguale modalità rispetto a X (uguaglianze rispetto a X) e dove T_Y è il numero di coppie che presentano uguale modalità rispetto a Y (uguaglianze rispetto a Y).
Per il calcolo delle *uguaglianze* si procede moltiplicando la frequenza delle unità con una certa modalità di un carattere per la frequenza delle unità con la stessa modalità (a prescindere dalla modalità osservata sull'altra variabile). Nella seguente tabella è riportato il calcolo per le

uguaglianze rispetto a X:

Cella	Calcolo	TOT
(1°, bassa)	33(5+43)	1.584
(2°, bassa)	5(43)	215
(1°, media)	19(57+65)	2.318
(2°, media)	57(65)	3.705
(1°, alta)	24(87+23)	2.640
(2°, alta)	87(23)	2.001

Ad esempio, se consideriamo le unità che hanno in comune la prima modalità di X ("1°"), occorre considerare assieme le unità con modalità (1°, bassa) con quelle con modalità (1°, media) e quelle con modalità (1°, alta), e le unità con modalità (1°, media) con quelle con modalità (1°, alta). Il calcolo sarà quindi il seguente:

$$33 \cdot 5 = 165 \quad 33 \cdot 43 = 1.419 \quad 5 \cdot 43 = 215$$

o più semplicemente:

$$33(5 + 43) = 1.584 \quad 5 \cdot 43 = 215$$

Uguaglianze rispetto a X:

$$1.584 + 215 + 2.318 + 3.705 + 2.640 + 2.001 = 12.463$$

Si procede in modo analogo per il calcolo delle uguaglianze rispetto a Y:

Cella	Calcolo	TOT
(1°, bassa)	33(19+24)	1.419
(2°, bassa)	19(24)	456
(1°, media)	5(57+87)	720
(2°, media)	57(87)	4.959
(1°, alta)	43(65+23)	3.784
(2°, alta)	65(23)	1.495

Uguaglianze rispetto a Y:

$$1.419 + 456 + 720 + 4.959 + 3.784 + 1.495 = 12.833$$

Pertanto:

$$N_c + N_d + T_X = 11.497 + 16.839 + 12.463 = 40.799$$

$$N_c + N_d + T_Y = 11.497 + 16.839 + 12.833 = 41.169$$

L'indice di Kendall risulta:

$$\tau_b = \frac{11.497 - 16.839}{\sqrt{40.799 \cdot 41.169}} = -0,13$$

Anche questo indice è di tipo normalizzato, con valori compresi tra -1 e 1: assume valore 0 in caso di indipendenza (ma non vale il viceversa), ovvero quando concordanze e discordanze coincidono, 1 se l'ordinamento delle coppie rispetto ai due caratteri è sempre concorde e la tabella doppia è quadrata, -1 se l'ordinamento delle coppie rispetto ai due caratteri è sempre discorde e la tabella doppia è quadrata. In questo caso, tenendo conto anche del numero di coppie di unità a pari merito, la discordanza scende al 13% (con l'indice gamma era al 18,9%).
Da notare la relazione che lega i due diversi indici:

$$|\tau_b| \leq |\gamma|$$

ESERCIZIO 86

Nella seguente tabella sono riportate le informazioni relative a numero di dipendenti e fatturato (in euro) per 8 aziende (indicate con delle lettere maiuscole):

Azienda	Dipendenti	Fatturato
A	16	109.000
B	42	363.000
C	36	300.000
D	39	200.000
E	28	105.000
F	46	270.000
G	36	228.000
H	32	100.000

Calcolare l'indice rho di Spearman.

SOLUZIONE

L'*indice rho di Spearman* (o *coefficiente di correlazione per ranghi*) è un indice di *cograduazione tra graduatorie*, utilizzato cioè per studiare l'associazione tra caratteri ordinati con un elevato numero di modalità.

Siano X e Y le variabili rispettivamente numero di dipendenti e fatturato. Ordiniamo le aziende in senso decrescente per entrambe le variabili, associando a ciascuna una posizione in graduatoria, detta *rango* (r): l'azienda con il valore più basso avrà rango 1, quella con il valore più alto rango 8. Si ottengono i seguenti ranghi:

Azienda	X	Y	$r(X)$	$r(Y)$
A	16	109.000	8	6
B	42	363.000	2	1
C	36	300.000	4,5	2
D	39	200.000	3	5
E	28	105.000	7	7
F	46	270.000	1	3
G	36	228.000	4,5	4
H	32	100.000	6	8

Da notare il rango 4,5 nella graduatoria X associato alle aziende C e G, entrambe con 36 dipendenti. Le posizioni coperte da queste due unità sono la 4 e la 5, pertanto:

$$\frac{4+5}{2} = 4,5$$

Calcoliamo ora, per le varie unità, le differenze tra i ranghi assegnati ai valori delle due variabili:

$$d_i = r_i(X) - r_i(Y)$$

e poi il loro quadrato. Si ottiene:

Azienda	X	Y	$r(X)$	$r(Y)$	d	d^2
A	16	109.000	8	6	+2,0	4,00
B	42	363.000	2	1	+1,0	1,00
C	36	300.000	4,5	2	+2,5	6,25
D	39	200.000	3	5	-2,0	4,00
E	28	105.000	7	7	0,0	0,00
F	46	270.000	1	3	-2,0	4,00
G	36	228.000	4,5	4	+0,5	0,25
H	32	100.000	6	8	-2,0	4,00

Per esempio, relativamente all'azienda A, si ha:

$$d_1 = r_1(X) - r_1(Y) = 8 - 6 = 2$$

$$d_1^2 = 2^2 = 4$$

Possiamo adesso introdurre l'indice di Spearman:

$$\rho_S = 1 - \frac{6\sum_{i=1}^{N} d_i^2}{N(N^2 - 1)}$$

Si tratta di un indice normalizzato, con valori compresi tra -1 e 1: assume valore 0 se le variabili sono indipendenti (le graduatorie non mostrano associazione), 1 quando tutte le unità presentano lo stesso rango in entrambe le graduatorie (*concordanza perfetta*), -1 quando le unità hanno sempre rango diverso in graduatoria (*discordanza perfetta*). In questo caso, l'indice risulta:

$$\rho_S = 1 - \frac{6(4 + 1 + 6,25 + 4 + 0 + 4 + 0,25 + 4)}{8(8^2 - 1)} = 0,72$$

Il valore dell'indice suggerisce una concordanza tra i ranghi del 72%. Inoltre, il quadrato dell'indice di Spearman può essere interpretato come riduzione dell'errore nel prevedere il rango di una certa unità rispetto a una graduatoria tenendo conto del rango della stessa anche nell'altra graduatoria, e in questo caso è del 51,9%:

$$\rho_S{}^2 = 0,72^2 = 0,519$$

15. Dipendenza in media

ESERCIZIO 87

Si conosce il numero di acquisti effettuati lo scorso mese dai clienti di un'azienda, divisi in 3 gruppi in base al livello di soddisfazione dichiarato in un recente questionario relativamente al servizio complessivamente ricevuto negli anni:

soddisfatti	8 7 4 9 4 7 3 4 7
indecisi	5 3 5
insoddisfatti	1 0 4 0 5

Verificare se il numero di acquisti effettuati dipende in media dal livello di soddisfazione.

SOLUZIONE

La *dipendenza in media* (o *connessione in media*) è un tipo di analisi cui si ricorre per misurare la parte di variabilità di un carattere quantitativo dovuta alla dipendenza di quest'ultimo da un altro carattere, solitamente qualitativo.

Siano X il numero di acquisti effettuati e Y il livello di soddisfazione dichiarato. Le numerosità sono pari rispettivamente a 9, 3 e 5, per un totale di 17 clienti:

$$N_{sod} = 9 \qquad N_{ind} = 3 \qquad N_{ins} = 5$$
$$N = N_{sod} + N_{ind} + N_{ins} = 9 + 3 + 5 = 17$$

Per verificare l'associazione tra le due variabili occorre calcolare le *medie condizionate* (o *parziali*) di X, cioè quelle calcolate nei singoli gruppi, in caso di indipendenza in media esse presenteranno infatti lo stesso valore, e saranno quindi uguali alla *media generale*. In questo caso, dovranno essere verificate le seguenti relazioni:

$$\mu_{X|sod} = \mu_{X|ind} = \mu_{X|ins}$$
$$\mu_{X|y_j} = \mu_X$$

Calcoliamo la media generale di X:

$$\mu_X = M(X) = \frac{1}{N} \sum_{i=1}^{N} x_i = \frac{1}{17}(8 + 7 + \ldots + 0 + 5) = 4,471$$

Per quanto riguarda invece le medie parziali, ricorriamo alla seguente formula:

$$\mu_{X|y_j} = M(X|Y = y_j) = \frac{1}{N_{y_j}} \sum_{i=1}^{N_{y_j}} x_i$$

Si ottiene:

$$\mu_{X|sod} = M(X|Y = sod) = \frac{1}{9}(8 + 7 + \ldots + 4 + 7) = 5,889$$

$$\mu_{X|ind} = M(X|Y = ind) = \frac{1}{3}(5 + 3 + 5) = 4,333$$

$$\mu_{X|ins} = M(X|Y = ins) = \frac{1}{5}(1 + 0 + 4 + 0 + 5) = 2$$

Le medie nei singoli gruppi non sono tutte uguali: nel collettivo di clienti, il numero di acuisti effettuati nel mese scorso dipende dunque in media dal livello di soddisfazione recentemente dichiarato.

Si tenga presente che l'indipendenza statistica (assenza di connessione) implica l'indipendenza in media, ma non è vero il contrario.

ESERCIZIO 88

In una popolazione di studenti di età miste, il numero medio di ore trascorse quotidianamente a studiare, pari a 4,2 nell'intero collettivo, è di 2,1 per gli studenti della scuola primaria, 3,4 per quelli della scuola secondaria e 5,9 per gli studenti universitari.
Disegnare la spezzata di regressione.

SOLUZIONE

La *spezzata di regressione* è uno strumento in grado di evidenziare l'aumento o la diminuzione, in questo caso, del numero medio di ore trascorse a studiare (che indichiamo con Y) passando da un gruppo all'altro del collettivo (i 3 gruppi definiti dalla variabile X).
Si procede riportando le modalità di X sull'asse delle ascisse (è necessario che la variabile sia almeno qualitativa ordinale, come in questo caso) e le medie condizionate di Y sull'asse delle ordinate, e poi si uniscono i punti:

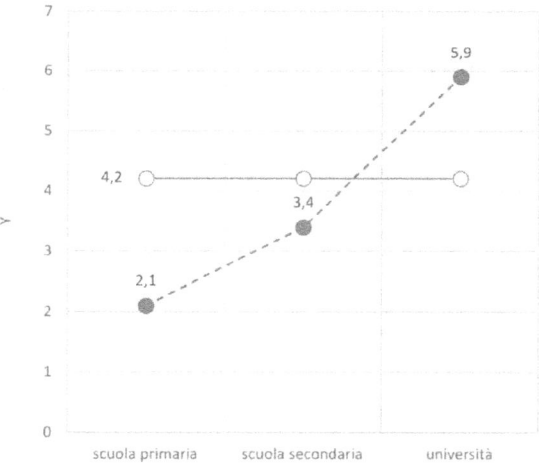

In caso di indipendenza in media, la spezzata di regressione coincide con la linea continua in corrispondenza della media generale. In questo caso, l'andamento della spezzata denota associazione in media tra le variabili.

ESERCIZIO 89

Di seguito è riportato il numero di medaglie vinte da un gruppo di sportivi suddivisi per genere:

maschi	2	4	3	4	5	4	2	3	5
femmine	5	7	7	8	3	4	6		

Misurare il grado di dipendenza in media.

SOLUZIONE

Siano X la variabile numero di medaglie vinte e Y la variabile genere. Le numerosità sono pari rispettivamente a 9 e 7, per un totale di 16 sportivi:

$$N_M = 9 \qquad N_F = 7$$

$$N = N_M + N_F = 9 + 7 = 16$$

Calcoliamo la media generale di X:

$$\mu_X = M(X) = \frac{1}{N} \sum_{i=1}^{N} x_i = \frac{1}{16}(2 + 4 + \ldots + 4 + 6) = 4,5$$

Calcoliamo inoltre le medie condizionate, mediante la seguente formula:

$$\mu_{X|y_j} = M(X|Y = y_j) = \frac{1}{N_{y_j}} \sum_{i=1}^{N_{y_j}} x_i$$

Si ottiene:

$$\mu_{X|M} = M(X|Y = M) = \frac{1}{9}(2 + 4 + \ldots + 3 + 5) = 3,556$$

$$\mu_{X|F} = M(X|Y = F) = \frac{1}{7}(5 + 7 + \ldots + 4 + 6) = 5,714$$

Le medie condizionate sono diverse tra loro e diverse dalla media generale, il che suggerisce associazione tra le variabili: il numero di medaglie vinte dipende in media dal genere.
Per misurare l'associazione si ricorre alla *scomposizione della variabilità* della variabile dipendente (X), possiamo cioè dividere la devianza totale

di Y in 2 componenti, la *devianza spiegata* (o *esterna* o *tra i gruppi* o *between*) e la *devianza residua* (o *interna* o *entro i gruppi* o *within*). Calcoliamo innanzitutto la devianza totale mediante la seguente formula:

$$dev_X = dev_{TOT}(X) = \sum_{i=1}^{N} (x_i - \mu_X)^2$$

La devianza di X è:

$$dev_X = dev_{TOT}(X) = (2 - 4,5)^2 + \ldots + (6 - 4,5)^2 = 48$$

La devianza spiegata è invece la devianza delle medie parziali:

$$dev_{SP}(X) = \sum_{j=1}^{k} \left(\mu_{X|y_j} - \mu_X \right)^2 N_{y_j}$$

e risulta:

$$dev_{SP}(X) = (3,556 - 4,5)^2 9 + (5,714 - 4,5)^2 7 = 18,349$$

Rapportando la devianza spiegata a quella totale si ottiene l'*indice eta quadro di Pearson* (o *rapporto di correlazione*):

$$\eta^2_{X|Y} = \frac{dev_{SP}(X)}{dev_{TOT}(X)}$$

Rappresentando la devianza totale il massimo della devianza spiegata, l'indice eta quadro può essere considerato una versione normalizzata della devianza spiegata. Si ottiene il seguente valore:

$$\eta^2_{X|Y} = \frac{18,349}{48} = 0,382$$

In alternativa, per il calcolo dell'indice eta quadro si può usare anche la devianza residua (invece di quella spiegata), data dalla somma delle *devianze condizionate* (o *parziali*), cioè le devianze nei singoli gruppi:

$$dev_{RES}(X) = \sum_{j=1}^{k} dev_{X|y_j}$$

dove:

$$dev_{X|y_j} = dev(X|Y = y_j) = \sum_{i=1}^{N_{y_j}} (x_i - \mu_{X|y_j})^2$$

Calcoliamo la devianza di X nei due gruppi:

$$dev_{X|M} = dev(X|Y = M) = (2 - 3{,}556)^2 + \ldots = 10{,}222$$

$$dev_{X|F} = dev(X|Y = F) = (5 - 5{,}714)^2 + \ldots = 19{,}429$$

Devianza residua:

$$dev_{RES}(X) = 10{,}222 + 19{,}429 = 29{,}651$$

Ricalcoliamo l'indice eta quadro come segue:

$$\eta^2{}_{X|Y} = 1 - \frac{dev_{RES}(X)}{dev_{TOT}(X)} = 1 - \frac{29{,}651}{48} = 0{,}382$$

La devianza spiegata rappresenta la parte di variabilità totale di X dovuta alla sua dipendenza da Y, mentre la devianza residua indica la variabilità di X osservata nei singoli gruppi. In caso di forte dipendenza, la devianza spiegata è elevata, quella residua è bassa; in caso di dipendenza perfetta, la devianza spiegata coincide con quella totale, e quella residua è nulla. Al contrario, in caso di debole dipendenza, la devianza spiegata è bassa, quella residua è elevata; se c'è indipendenza in media, la devianza spiegata è nulla, e quella residua coincide con quella totale.

In questo caso, l'indice eta quadro indica una dipendenza in media pari al 38,2%, ovverosia la parte di variabilità del carattere X spiegata dalla dipendenza di quest'ultimo dal carattere Y ammonta al 38,2%.

Le devianze totale, spiegata e residua sono legate dalla seguente relazione:

$$dev_{TOT}(X) = dev_{SP}(X) + dev_{RES}(X)$$

e infatti:

$$48 = 18{,}349 + 29{,}651$$

Nel processo di scomposizione della variabilità, al posto della devianza si può usare anche la varianza. Dividendo le varie devianze per le rispettive numerosità si ottengono le varianze totale, spiegata, condizionate e residua:

$$\sigma^2{}_X = var_{TOT}(X) = \frac{1}{N} dev_{TOT}(X) = \frac{1}{16} 48 = 3$$

$$var_{SP}(X) = \frac{1}{N} dev_{SP}(X) = \frac{1}{16} 18{,}349 = 1{,}147$$

$$\sigma^2{}_{X|M} = var(X|Y = M) = \frac{1}{N_M} dev(X|Y = M) = \frac{1}{9} 10{,}222 = 1{,}136$$

$$\sigma^2{}_{X|F} = var(X|Y = F) = \frac{1}{N_F} dev(X|Y = F) = \frac{1}{7} 19{,}429 = 2{,}776$$

$$var_{RES}(X) = \frac{1}{N} dev_{RES}(X) = \frac{1}{16} 29{,}651 = 1{,}853$$

La varianza spiegata è la varianza delle medie parziali. La varianza residua è invece la media delle varianze parziali, e può essere calcolata anche come media ponderata delle varianze parziali:

$$var_{RES}(X) = \frac{1}{N} \sum_{j=1}^{k} \sigma^2{}_{X|y_j} N_{y_j}$$

ovvero:

$$var_{RES}(X) = \frac{1}{16} (1{,}136 \cdot 9 + 2{,}776 \cdot 7) = 1{,}853$$

Rispetto al caso con le devianze, la somma delle varianze condizionate dunque non coincide con la varianza residua:

$$var_{RES}(X) \neq \sum_{j=1}^{k} \sigma^2{}_{X|y_j}$$

infatti:

$$1{,}853 \neq 1{,}136 + 2{,}776$$

ma, come per le devianze, anche le tre varianze sono legate dalla seguente relazione:

$$var_{TOT}(X) = var_{SP}(X) + var_{RES}(X)$$

e infatti:

$$3 = 1{,}147 + 1{,}853$$

Ricalcoliamo l'indice eta quadro:

$$\eta^2_{X|Y} = \frac{var_{SP}(X)}{var_{TOT}(X)} = \frac{1,147}{3} = 0,382$$

o in alternativa:

$$\eta^2_{X|Y} = 1 - \frac{var_{RES}(X)}{var_{TOT}(X)} = 1 - \frac{1,853}{3} = 0,382$$

ESERCIZIO 90

La seguente tabella riporta la distribuzione doppia di frequenza relativa ai caratteri cittadinanza (sulle righe) e numero di viaggi effettuati negli ultimi 5 anni (sulle colonne) in un collettivo di cittadini:

	3	4	5
italiana	23	78	36
straniera	65	15	12

Calcolare il rapporto di correlazione.

SOLUZIONE

Ricaviamo innanzitutto i totali della tabella (frequenze marginali):

	3	4	5	tot
italiana	23	78	36	137
straniera	65	15	12	92
tot	88	93	48	229

Calcoliamo media generale e medie condizionate di Y mediante le seguenti formule:

$$\mu_Y = M(Y) = \frac{1}{n} \sum_{j=1}^{k} y_j n_{.j}$$

$$\mu_{Y|x_i} = M(Y|X = x_i) = \frac{1}{n_{i.}} \sum_{j=1}^{k} y_j n_{ij}$$

e otteniamo:

$$\mu_Y = M(Y) = \frac{1}{229}(3 \cdot 88 + 4 \cdot 93 + 5 \cdot 48) = 3,825$$

$$\mu_{Y|ita} = M(Y|X = ita) = \frac{1}{137}(3 \cdot 23 + 4 \cdot 78 + 5 \cdot 36) = 4,095$$

$$\mu_{Y|str} = M(Y|X = str) = \frac{1}{92}(3 \cdot 65 + 4 \cdot 15 + 5 \cdot 12) = 3{,}424$$

Le medie parziali sono diverse tra loro e diverse dalla media generale: nel collettivo, il numero di viaggi effettuati negli ultimi 5 anni dipende in media dalla cittadinanza.

Calcoliamo ora la devianza totale e la devianza spiegata, mediante le seguenti formule:

$$dev_Y = dev_{TOT}(Y) = \sum_{j=1}^{k} (y_j - \mu_Y)^2 n_{\cdot j}$$

$$dev_{SP}(Y) = \sum_{i=1}^{h} (\mu_{Y|x_i} - \mu_Y)^2 n_{i\cdot}$$

Si ottiene:

$$dev_Y = dev_{TOT}(Y) = (3 - 3{,}825)^2 88 + \ldots = 129{,}013$$

$$dev_{SP}(Y) = (4{,}095 - 3{,}825)^2 137 + (3{,}424 - 3{,}825)^2 92 = 24{,}779$$

Rapporto di correlazione:

$$\eta^2{}_{Y|X} = \frac{dev_{SP}(Y)}{dev_{TOT}(Y)} = \frac{24{,}779}{129{,}013} = 0{,}192$$

La parte di variabilità del carattere Y spiegata dalla dipendenza di quest'ultimo dal carattere X ammonta dunque 19,2%.

Come noto, l'indice può essere ricavato anche sfruttando la devianza residua. Calcoliamo le devianze condizionate mediante la seguente formula:

$$dev_{Y|x_i} = dev(Y|X = x_i) = \sum_{j=1}^{k} (y_j - \mu_{Y|x_i})^2 n_{ij}$$

Si ottengono le seguenti misure di variabilità interna:

$$dev_{Y|ita} = dev(Y|X = ita) = (3 - 4{,}095)^2 23 + \ldots = 57{,}766$$

$$dev_{Y|str} = dev(Y|X = str) = (3 - 3{,}424)^2 65 + \ldots = 46{,}467$$

Possiamo ora calcolare la devianza residua:

$$dev_{RES}(Y) = \sum_{i=1}^{h} dev_{Y|x_i}$$

Si ottiene:

$$dev_{RES}(Y) = 57,766 + 46,467 = 104,234$$

Rapporto di correlazione:

$$\eta^2_{Y|X} = 1 - \frac{dev_{RES}(Y)}{dev_{TOT}(Y)} = 1 - \frac{104,234}{129,013} = 0,192$$

Volendo calcolare l'indice per mezzo delle varianze:

$$\sigma^2_Y = var_{TOT}(Y) = \frac{1}{n}dev_{TOT}(Y) = \frac{1}{229}129,013 = 0,563$$

$$var_{SP}(Y) = \frac{1}{n}dev_{SP}(Y) = \frac{1}{229}24,779 = 0,108$$

$$\sigma^2_{Y|ita} = \frac{1}{n_{1.}}dev(Y|X = ita) = \frac{1}{137}57,766 = 0,422$$

$$\sigma^2_{Y|str} = \frac{1}{n_{2.}}dev(Y|X = str) = \frac{1}{92}46,467 = 0,505$$

$$var_{RES}(Y) = \frac{1}{n}dev_{RES}(Y) = \frac{1}{229}104,234 = 0,455$$

oppure:

$$var_{RES}(Y) = \frac{1}{n}\sum_{i=1}^{h} \sigma^2_{Y|x_i}n_{i.}$$

$$var_{RES}(Y) = \frac{1}{229}(0,422 \cdot 137 + 0,505 \cdot 92) = 0,455$$

Rapporto di correlazione:

$$\eta^2_{Y|X} = \frac{var_{SP}(Y)}{var_{TOT}(Y)} = \frac{0,108}{0,563} = 0,192$$

$$\eta^2_{Y|X} = 1 - \frac{var_{RES}(Y)}{var_{TOT}(Y)} = 1 - \frac{0,455}{0,563} = 0,192$$

ESERCIZIO 91

Abbiamo una popolazione suddivisa in 2 gruppi in base al continente di residenza, europei e americani, con reddito medio mensile pari rispettivamente a 1.250 e 1.370 in euro e deviazione standard rispettivamente di 100 e 90; il reddito medio mensile nell'intero collettivo è di 1.300 euro. Sappiamo inoltre che gli americani sono 180.
Ricavare la deviazione standard dell'intero collettivo di cittadini.

SOLUZIONE

Siano X la variabile reddito mensile e Y la variabile continente di residenza. Ricorriamo all'*associatività* della media aritmetica:

$$\mu_X = \frac{1}{\sum_{j=1}^{k} N_{y_j}} \sum_{j=1}^{k} \mu_{X|y_j} N_{y_j} = \frac{\mu_{X|eu} N_{eu} + \mu_{X|am} N_{am}}{N_{eu} + N_{am}}$$

ossia:

$$1.300 = \frac{1.250 N_{eu} + 1.370 \cdot 180}{N_{eu} + 180} = \frac{1.250 N_{eu} + 246.600}{N_{eu} + 180}$$

Si ottiene:

$$(N_{eu} + 180)1.300 = 1.250 N_{eu} + 246.600$$

$$1.300 N_{eu} + 234.000 = 1.250 N_{eu} + 246.600$$

$$1.300 N_{eu} - 1.250 N_{eu} = 246.600 - 234.000$$

$$50 N_{eu} = 12.600$$

$$N_{eu} = \frac{12.600}{50} = 252$$

Gli europei sono 252. La numerosità totale risulta:

$$N = N_{eu} + N_{am} = 252 + 180 = 432$$

Procediamo ricavando la varianza spiegata:

$$var_{SP}(X) = \frac{1}{N} dev_{SP}(X) = \frac{1}{N} \sum_{j=1}^{k} \left(\mu_{X|y_j} - \mu_X \right)^2 N_{y_j}$$

Si ottiene:

$$dev_{SP}(X) = (1.250 - 1.300)^2 \, 252 + \ldots = 1.512.000$$

$$var_{SP}(X) = \frac{1}{432} 1.512.000 = 3.500$$

Ricaviamo ora le varianze condizionate attraverso il quadrato delle deviazioni standard interne ai gruppi:

$$\sigma^2{}_{X|y_j} = var(X|Y = y_j) = \left(\sigma_{X|y_j}\right)^2$$

e quindi la varianza residua come media ponderata delle varianze condizionate:

$$var_{RES}(X) = \frac{1}{N} \sum_{j=1}^{k} \sigma^2{}_{X|y_j} N_{y_j}$$

Si ottiene:

$$\sigma^2{}_{X|eu} = var(X|Y = eu) = \left(\sigma_{X|eu}\right)^2 = 100^2 = 10.000$$

$$\sigma^2{}_{X|am} = var(X|Y = am) = \left(\sigma_{X|am}\right)^2 = 90^2 = 8.100$$

$$var_{RES}(X) = \frac{1}{432} (10.000 \cdot 252 + 8.100 \cdot 180) = 9.208,33$$

Possiamo adesso calcolare la varianza totale:

$$var_{TOT}(X) = var_{SP}(X) + var_{RES}(X)$$

e quindi la deviazione standard del collettivo:

$$\sigma_X = \sqrt{var_{TOT}(X)}$$

Pertanto:

$$var_{TOT}(X) = 3.500 + 9.208,33 = 12.708,33$$

$$\sigma_X = \sqrt{12.708,33} = 112,73$$

16. Correlazione lineare

ESERCIZIO 92

Su alcuni studenti sono state rilevate le variabili altezza (in cm) e peso (in kg), indicate rispettivamente con X e Y:

x_i	151,0	154,0	153,0	146,0	146,5	145,0	150,0	154,5
y_i	51,0	52,5	48,0	46,0	48,0	48,5	49,5	50,0

Disegnare e commentare il diagramma di dispersione.

SOLUZIONE

La *correlazione* è un tipo di analisi cui si ricorre per studiare l'associazione tra due variabili quantitative, poste sullo stesso piano (interdipendenza). La correlazione dà informazioni sulla *covariazione* tra variabili.

Per avere una prima e rapida indicazione circa la relazione tra i caratteri si ricorre a un *diagramma di dispersione* (o *diagramma a punti, scatter plot*). Sull'asse delle ascisse abbiamo la variabile X, su quello delle ordinate la variabile Y.

I punti nel piano cartesiano, ciascuno di coordinate (x_i, y_i), rappresentano le N unità statistiche, in questo caso gli 8 studenti. Quando la nuvola dei punti ha una forma ben approssimata da una retta, allora si può parlare di *correlazione lineare*; nei casi in cui la correlazione c'è ma non è lineare, la nuvola dei punti risulta ben approssimata da un altro tipo di curva matematica (parabola, logaritmo, ecc.). A seconda che la nuvola di punti sia inclinata verso l'alto o verso il basso si parla rispettivamente di *correlazione lineare diretta* (o *positiva*) e *correlazione lineare inversa* (o *negativa*); se la correlazione è positiva, i due caratteri tenderanno a variare nella stessa direzione, mentre, se la correlazione è negativa tenderanno a variare in direzione opposta. Se tutti i punti si trovano sulla retta, allora si ha massima correlazione lineare (*correlazione perfetta*). Una nuvola di punti dalla forma palesemente irregolare implica *incorrelazione lineare*, che può significare correlazione non lineare oppure incorrelazione.

Di seguito viene riportato il diagramma di dispersione per i dati forniti dal testo (a pagina seguente). In questo caso, la nuvola dei punti ha inclinazione positiva, come indicato anche dalla linea tratteggiata (retta) che la attraversa, il che suggerisce una relazione lineare diretta tra le variabili, ovvero tra le variabili altezza e peso sussiste correlazione lineare positiva. Le due variabili tendono pertanto a variare nella stessa direzione: elevati valori di X sono frequentemente associati ad elevati valori di Y, così come moderati valori di X sono frequentemente associati a moderati valori di Y.

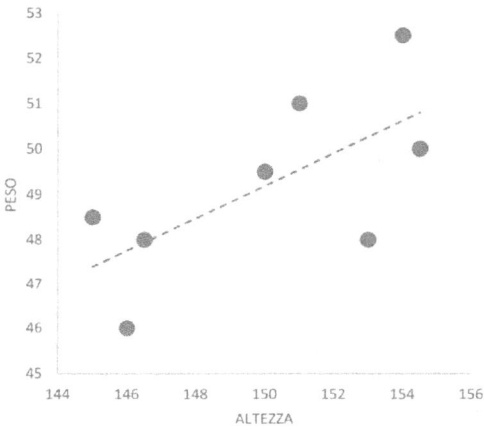

Si tenga presente che l'indipendenza statistica (assenza di connessione) implica l'incorrelazione lineare, ma non è vero il contrario.

ESERCIZIO 93

Si consideri la seguente tabella, che fornisce i dati relativi a numero di fratelli (X) e numero di giocattoli posseduti (Y) ottenuti su un collettivo di bambini:

x_i	1	2	1	4	3	1	0	2	2	2
y_i	7	6	5	2	3	6	5	7	3	4

Misurare il grado di correlazione lineare tra le variabili.

SOLUZIONE

In generale, un *indice di correlazione lineare* assume valore 0 in caso di incorrelazione lineare, <0 se tra le variabili c'è correlazione lineare negativa (relazione inversa) e >0 se c'è correlazione lineare positiva (relazione diretta).

Il primo indice di correlazione lineare che possiamo calcolare è la *codevianza*, definita come somma dei prodotti degli scarti dalle rispettive medie aritmetiche:

$$cod_{XY} = \sum_{i=1}^{N} (x_i - \mu_X)(y_i - \mu_Y)$$

o in alternativa:

$$cod_{XY} = \sum_{i=1}^{N} x_i y_i - N(\mu_X \mu_Y)$$

Occorre ricavare innanzitutto le medie. Per N = 10 bambini, si ha:

$$\mu_X = \frac{1}{N} \sum_{i=1}^{N} x_i = \frac{1}{10}(1 + 2 + \ldots + 2 + 2) = 1{,}8$$

$$\mu_Y = \frac{1}{N} \sum_{i=1}^{N} y_i = \frac{1}{10}(7 + 6 + \ldots + 3 + 4) = 4{,}8$$

Codevianza:

$$cod_{XY} = (1 - 1,8)(7 - 4,8) + \ldots + (2 - 1,8)(4 - 4,8) = -11,4$$

$$cod_{XY} = (1 \cdot 7 + \ldots + 2 \cdot 4) - 10(1,8 \cdot 4,8) = -11,4$$

L'indice assume valore negativo: tra le variabili c'è correlazione lineare negativa (relazione inversa). Nella formula tradizionale prevalgono dunque gli scostamenti concordi, quelli cioè entrambi positivi o entrambi negativi.

La codevianza ha però diversi problemi. Innanzitutto, non ha minimo e massimo prefissati:

$$-\infty \leq cod_{XY} \leq +\infty$$

Inoltre, essa dipende chiaramente dalla numerosità dei dati (avremo tanti scarti, per entrambe le variabili, quanti sono i dati). Calcoliamo allora la *covarianza*, dividendo la codevianza per la numerosità del collettivo (la codevianza è dunque il numeratore della covarianza):

$$cov_{XY} = \sigma_{XY} = \frac{1}{N} cod_{XY} = \frac{1}{10}(-11,4) = -1,14$$

Il segno negativo dell'indice conferma la relazione lineare inversa tra le variabili. La covarianza può essere scritta anche come segue:

$$\sigma_{XY} = \frac{1}{N} \sum_{i=1}^{N} x_i y_i - \mu_X \mu_Y$$

e infatti:

$$\sigma_{XY} = \frac{1}{10}(1 \cdot 7 + \ldots + 2 \cdot 4) - (1,8 \cdot 4,8) = -1,14$$

La covarianza ammette il seguente campo di oscillazione:

$$-\sigma_X \sigma_Y \leq \sigma_{XY} \leq \sigma_X \sigma_Y$$

I valori minimo e massimo fanno riferimento alle situazioni limite di massima correlazione lineare (correlazione perfetta). La covarianza assume valore negativo: la relazione inversa tra le variabili è confermata. Il valore della covarianza (e quindi anche quello della codevianza) è però legato alle unità di misura delle due variabili (è espressa in unità di misura di X moltiplicata per l'unità di misura di Y). Un indice di migliore interpretazione è allora il *coefficiente di correlazione lineare di Pearson* (o *indice rho di Pearson*), che coincide con la *covarianza normalizzata*, ovverosia la covarianza rapportata al suo massimo:

$$\rho_{XY} = \frac{\sigma_{XY}}{\sigma_{XY\,max}} = \frac{\sigma_{XY}}{\sigma_X \sigma_Y}$$

o, nella forma semplificata:

$$\rho_{XY} = \frac{cod_{XY}}{\sqrt{dev_X dev_Y}}$$

Il coefficiente di correlazione lineare di Pearson è anche un indice normalizzato, del tipo:

$$-1 \le \rho_{XY} \le 1$$

dove, anche in questo caso, i valori minimo e massimo, -1 e 1, fanno riferimento alle situazioni limite di massima correlazione lineare (rispettivamente inversa e diretta).

Per ricavare l'indice occorre prima calcolare devianze e deviazioni standard:

$$dev_X = \sum_{i=1}^{N}(x_i - \mu_X)^2 = (1 - 1{,}8)^2 + \ldots + (2 - 1{,}8)^2 = 11{,}6$$

$$dev_Y = \sum_{i=1}^{N}(y_i - \mu_Y)^2 = (7 - 4{,}8)^2 + \ldots + (4 - 4{,}8)^2 = 27{,}6$$

$$\sigma_X = \sqrt{\sigma^2{}_X} = \sqrt{\frac{1}{N} dev_X} = \sqrt{\frac{1}{10} 11{,}6} = 1{,}077$$

$$\sigma_Y = \sqrt{\sigma^2{}_Y} = \sqrt{\frac{1}{N} dev_Y} = \sqrt{\frac{1}{10} 27{,}6} = 1{,}661$$

Coefficiente di correlazione lineare:

$$\rho_{XY} = \frac{-1{,}14}{1{,}077 \cdot 1{,}661} = -0{,}637 \qquad \rho_{XY} = \frac{-11{,}4}{\sqrt{11{,}6 \cdot 27{,}6}} = -0{,}637$$

Il valore dell'indice indica una correlazione lineare negativa del 63,7%.

ESERCIZIO 94

Sappiamo che la covarianza tra due variabili, X e Y, è pari a 3,6. Sia inoltre Z una trasformazione lineare di X, del tipo Z = 2 + 3X.
Ricavare la covarianza tra Y e Z.

SOLUZIONE

Sappiamo che:

$$\sigma_{XY} = cov(XY) = 3,6$$

La covarianza tra Y e Z sarà:

$$\sigma_{YZ} = cov(YZ) = cov(Y, 2 + 3X)$$

Dalle proprietà della covarianza sappiamo che (sfruttando la linearità della media aritmetica):

$$cov(Y, a + bX) = b \cdot cov(YX)$$

Pertanto:

$$\sigma_{YZ} = cov(YZ) = cov(Y, 2 + 3X) = 3cov(YX) = 3 \cdot 3,6 = 10,8$$

ESERCIZIO 95

Si consideri la seguente distribuzione doppia di frequenza per classi:

	0 ⊣ 5	5 ⊣ 10	10 ⊣ 15
0	5	9	19
1	7	0	2
2	11	25	6

Calcolare il coefficiente di correlazione lineare di Pearson.

SOLUZIONE

Ricaviamo innanzitutto i totali della tabella (frequenze marginali):

	0 ⊣ 5	5 ⊣ 10	10 ⊣ 15	*tot*
0	5	9	19	33
1	7	0	2	9
2	11	25	6	42
tot	23	34	27	84

Occorre inoltre ricavare i valori centrali delle classi per la variabile Y (sotto l'ipotesi di distribuzione uniforme nelle stesse):

$$c_1 = \frac{0+5}{2} = 2,5$$

$$c_2 = \frac{5+10}{2} = 7,5$$

$$c_3 = \frac{10+15}{2} = 12,5$$

Calcoliamo le medie aritmetiche:

$$\mu_X = \frac{1}{n}\sum_{i=1}^{h} x_i n_{i.} = \frac{1}{84}(0 \cdot 33 + 1 \cdot 9 + 2 \cdot 42) = 1,107$$

$$\mu_Y = \frac{1}{n}\sum_{j=1}^{k} c_j n_{.j} = \frac{1}{84}(2{,}5 \cdot 23 + 7{,}5 \cdot 34 + 12{,}5 \cdot 27) = 7{,}738$$

La formula della codevianza con tabelle doppie è la seguente:

$$cod_{XY} = \sum_{i=1}^{h}\sum_{j=1}^{k} (x_i - \mu_X)(c_j - \mu_Y)\, n_{ij}$$

o, in alternativa:

$$cod_{XY} = \sum_{i=1}^{h}\sum_{j=1}^{k} x_i c_j n_{ij} - n(\mu_X \mu_Y)$$

Si ottiene:

$$cod_{XY} = (0 - 1{,}107)(2{,}5 - 7{,}738)5 + \ldots = -97{,}143$$

$$cod_{XY} = (0 \cdot 2{,}5 \cdot 5 + \ldots) - 84(1{,}107 \cdot 7{,}738) = -97{,}143$$

Devianze:

$$dev_X = \sum_{i=1}^{h} (x_i - \mu_X)^2 n_{i.} = (0 - 1{,}107)^2 33 + \ldots = 74{,}036$$

$$dev_Y = \sum_{j=1}^{k} (c_j - \mu_Y)^2 n_{.j} = (2{,}5 - 7{,}738)^2 23 + \ldots = 1.245{,}238$$

Coefficiente di correlazione lineare di Pearson:

$$\rho_{XY} = \frac{cod_{XY}}{\sqrt{dev_X dev_Y}} = \frac{-97{,}143}{\sqrt{74{,}036 \cdot 1.245{,}238}} = -0{,}32$$

ESERCIZIO 96

Di seguito sono riportati i valori di 3 variabili quantitative rilevate su un collettivo di 10 unità statistiche:

x_i	6	8	5	6	4	6	8	9	9	8
y_i	0	1	1	0	3	7	4	7	8	9
z_i	7	7	5	7	6	5	2	1	0	1

Costruire le matrici varianza-covarianza e di correlazione.

SOLUZIONE

La *matrice varianza-covarianza* e la *matrice di correlazione* sono tabelle quadrate e simmetriche, che descrivono l'associazione tra le variabili rilevate.
Le variabili, in questo caso X, Y e Z, sono indicate sulle righe e sulle colonne delle tabelle. Sulla diagonale principale (area in grigio) della matrice varianza-covarianza troviamo le varianze (la covarianza tra due caratteri identici è pari alla loro varianza), mentre sopra e sotto la diagonale troviamo le covarianze:

	X	Y	Z
X	σ^2_X	σ_{XY}	σ_{XZ}
Y	σ_{YX}	σ^2_Y	σ_{YZ}
Z	σ_{ZX}	σ_{ZY}	σ^2_Z

I valori sopra e sotto la diagonale principale sono identici, perché, come noto, la covarianza è un indice simmetrico (per esempio, la covarianza tra X e Y e la covarianza tra Y e X coincidono); per questo motivo, talvolta vengono riportati in tabella i soli valori al di sopra o al di sotto della diagonale principale.
Per quanto riguarda invece la matrice di correlazione, sopra e sotto la diagonale principale troviamo i coefficienti di correlazione lineare di Pearson, mentre i valori sulla diagonale sono tutti pari a 1 (l'indice rho tra due caratteri identici è pari a 1):

	X	Y	Z
X	1	ρ_{XY}	ρ_{XZ}
Y	ρ_{YX}	1	ρ_{YZ}
Z	ρ_{ZX}	ρ_{ZY}	1

Anche in questo caso, i valori sopra e sotto la diagonale principale sono identici, perché è anche l'indice rho di Pearson è simmetrico.
Cominciamo calcolando le medie aritmetiche:

$$\mu_X = \frac{1}{N}\sum_{i=1}^{N} x_i = \frac{1}{10}(6 + 8 + \ldots + 9 + 8) = 6,9$$

$$\mu_Y = \frac{1}{N}\sum_{i=1}^{N} y_i = \frac{1}{10}(0 + 1 + \ldots + 8 + 9) = 4$$

$$\mu_Z = \frac{1}{N}\sum_{i=1}^{N} z_i = \frac{1}{10}(7 + 7 + \ldots + 0 + 1) = 4,1$$

Varianze:

$$\sigma^2{}_X = \frac{1}{N}\sum_{i=1}^{N} x_i^2 - \mu_X^2 = \frac{1}{10}(6^2 + 8^2 + \ldots + 9^2 + 8^2) - 6,9^2 = 2,69$$

$$\sigma^2{}_Y = \frac{1}{N}\sum_{i=1}^{N} y_i^2 - \mu_Y^2 = \frac{1}{10}(0^2 + 1^2 + \ldots + 8^2 + 9^2) - 4^2 = 11$$

$$\sigma^2{}_Z = \frac{1}{N}\sum_{i=1}^{N} z_i^2 - \mu_Z^2 = \frac{1}{10}(7^2 + 7^2 + \ldots + 0^2 + 1^2) - 4,1^2 = 7,09$$

Covarianze:

$$\sigma_{XY} = \frac{1}{N}\sum_{i=1}^{N} x_i y_i - \mu_X\mu_Y = \frac{1}{10}(6 \cdot 0 + \ldots + 8 \cdot 9) - 6,9 \cdot 4 = 3$$

$$\sigma_{XZ} = \frac{1}{N}\sum_{i=1}^{N} x_i z_i - \mu_X \mu_Z = \frac{1}{10}(6 \cdot 7 + \ldots + 8 \cdot 1) - 6{,}9 \cdot 4{,}1 = -3{,}09$$

$$\sigma_{YZ} = \frac{1}{N}\sum_{i=1}^{N} y_i z_i - \mu_Y \mu_Z = \frac{1}{10}(0 \cdot 7 + \ldots + 9 \cdot 1) - 4 \cdot 4{,}1 = -7{,}5$$

Possiamo ora costruire la matrice varianza-covarianza:

	X	Y	Z
X	2,69	3,00	−3,09
Y	3,00	11,00	−7,50
Z	−3,09	−7,50	7,09

Emerge una relazione diretta tra le variabili X e Y (covarianza positiva) ma una relazione inversa tra X e Z e tra Y e Z (covarianze negative). Calcoliamo ora i coefficienti di correlazione lineare di Pearson:

$$\rho_{XY} = \frac{\sigma_{XY}}{\sqrt{\sigma^2_X}\sqrt{\sigma^2_Y}} = \frac{3}{\sqrt{2{,}69}\sqrt{11}} = 0{,}552$$

$$\rho_{XZ} = \frac{\sigma_{XZ}}{\sqrt{\sigma^2_X}\sqrt{\sigma^2_Z}} = \frac{-3{,}09}{\sqrt{2{,}69}\sqrt{7{,}09}} = -0{,}708$$

$$\rho_{YZ} = \frac{\sigma_{YZ}}{\sqrt{\sigma^2_Y}\sqrt{\sigma^2_Z}} = \frac{-7{,}5}{\sqrt{11}\sqrt{7{,}09}} = -0{,}849$$

Matrice di correlazione:

	X	Y	Z
X	1,000	0,552	−0,708
Y	0,552	1,000	−0,849
Z	−0,708	−0,849	1,000

La relazione diretta tra le variabili X e Y si traduce in una correlazione lineare positiva al 55,2%. Più forti sono le relazioni inverse: si osserva una correlazione lineare negativa del 70,8% tra X e Z e dell'84,9% tra Y e Z.

17. Regressione lineare semplice

ESERCIZIO 97

Sono state rilevate le variabili altezza (in cm) e peso (in kg) su un collettivo di cani di una certa razza, che indichiamo rispettivamente con X e Y. Di seguito i dati raccolti:

x_i	27,5	29,0	28,5	31,5	24,5	25,0	24,0
y_i	43,0	46,0	44,5	47,0	42,5	42,0	43,5

Studiare l'altezza in funzione del peso ricorrendo a un adeguato modello di regressione.

SOLUZIONE

La *regressione* è un tipo di analisi che ha senso condurre quando tra le variabili, di tipo quantitativo, si può ipotizzare un nesso di causa-effetto; come in questo caso, in effetti è logico supporre che, in generale, il peso sia funzione (anche) dell'altezza. In questo senso, l'analisi di regressione può risultare un utile strumento di carattere predittivo.

Il peso (Y) è da considerarsi la variabile *dipendente* (o *risposta, effetto, target*), mentre l'altezza (X) è la variabile *indipendente* (o *esplicativa, causa*, o anche *predittore, regressore, antecedente*). In questi casi, è possibile impostare un'analisi di regressione per stimare il valore del peso (Y) in funzione dell'altezza (X); parliamo di regressione *semplice*, poiché vi è una sola variabile esplicativa (al contrario, si parlerà di regressione *multipla*).

Occorre innanzitutto individuare la curva matematica che meglio approssima i dati. Graficamente, ciò significa individuare la curva che meglio attraversa la nuvola dei punti (*interpolazione statistica*), ovvero quella che presenta il miglior adattamento (o accostamento) ai dati; per quella nuvola di punti, in effetti, passano infinite curve. Osserviamo allora il diagramma di dispersione (a pagina seguente): notiamo che tra le variabili c'è una buona correlazione lineare (diretta).

La curva matematica che meglio approssima i dati è dunque la retta; e, in effetti, il testo richiede di stimare l'equazione della *retta di regressione* (o *retta interpolante*), o più precisamente *retta di regressione di Y su X*. Impostiamo dunque un'analisi di regressione lineare semplice, ricorrendo all'equazione generale della retta:

$$Y = A + BX$$

L'equazione della retta interpolante avrà quindi la seguente struttura:

$$\hat{y}_i = a + bx_i$$

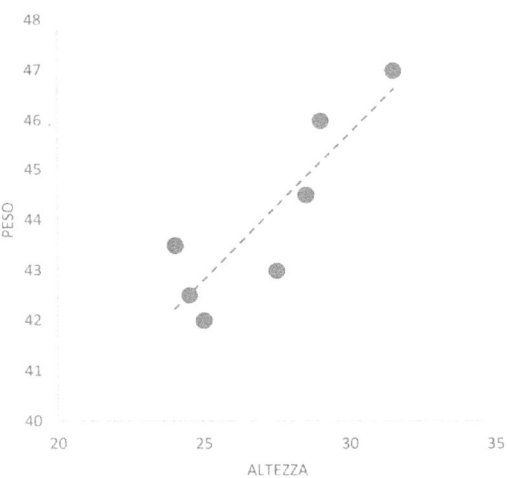

I coefficienti a e b della retta prendono il nome di *coefficienti di regressione*. In particolare, il coefficiente a è l'*intercetta*, e fornisce il valore di Y quando X è nulla; graficamente, l'intercetta è il punto di intersezione tra la retta e l'asse delle ordinate. La costante b è invece il *coefficiente angolare* della retta (la sua pendenza), e pertanto misura la variazione media subita da Y in seguito a una variazione unitaria della X. Il metodo più comune per la ricerca dei coefficienti di regressione è il *metodo dei minimi quadrati*, che consiste nel ricercare quei particolari valori a e b tali da minimizzare la seguente funzione (*funzione di perdita*):

$$G(a,b) = \sum_{i=1}^{N} \hat{e}_i^{\,2} = \sum_{i=1}^{N} (y_i - \hat{y}_i)^2 = \sum_{i=1}^{N} (y_i - a - bx_i)^2$$

dove la quantità:

$$\hat{e}_i = y_i - \hat{y}_i$$

191

denominata *residuo*, è la differenza tra il valore *effettivo* di Y (il valore rilevato) e quello *teorico*, stimato in funzione di X (ricavato mediante la retta di regressione). La funzione di perdita è data dunque dalla somma dei residui quadratici.

In questo senso, partendo da quella che può essere considerata come l'espressione di una relazione statistica tra una variabile dipendente ed una esplicativa:

$$Y = f(X) + e$$

si può ricavare l'equazione del *modello di regressione lineare semplice*:

$$y_i = f(x_i) + \hat{e}_i$$

che può essere anche riscritta come segue:

$$y_i = f(x_i) + \hat{e}_i = \hat{y}_i + \hat{e}_i = a + bx_i + \hat{e}_i$$

dove $a + bx_i$ costituisce la parte *deterministica* del modello, mentre $\hat{e}_i$ rappresenta la stima dell'*errore*.

Tornando al metodo dei minimi quadrati, minimizzare la funzione di perdita graficamente significherà, da un punto di vista geometrico, minimizzare la somma dei quadrati delle distanze in verticale (nelle ordinate) tra i punti di coordinate (x_i, y_i) e i punti sulla retta di coordinate $(x_i, \hat{y}_i)$. La retta che minimizza tale quantità sarà quella con il miglior accostamento ai dati, la retta dei minimi quadrati appunto.

Per ricavare i valori dei coefficienti di regressione che rendono minima la funzione di perdita occorre calcolare le derivate parziali della funzione rispetto ad *a* e *b*, e poi porle uguale a 0, il che conduce al seguente sistema lineare (*sistema di equazioni normali*):

$$\begin{cases} \dfrac{\delta G(a,b)}{\delta G(a)} = 0 \\ \dfrac{\delta G(a,b)}{\delta G(b)} = 0 \end{cases} \Rightarrow \begin{cases} Na + b\sum_{i=1}^{N} x_i = \sum_{i=1}^{N} y_i \\ a\sum_{i=1}^{N} x_i + b\sum_{i=1}^{N} x_i^2 = \sum_{i=1}^{N} x_i y_i \end{cases}$$

Dal sistema, dopo alcuni passaggi, si ottengono le seguenti formule:

$$b = \frac{\sigma_{XY}}{\sigma^2_X} = \frac{cod_{XY}}{dev_X} \qquad a = \mu_Y - b\mu_X$$

Iniziamo calcolando le medie aritmetiche:

$$\mu_X = \frac{1}{N} \sum_{i=1}^{N} x_i = \frac{1}{7}(27,5 + 29 + \ldots + 25 + 24) = 27,143$$

$$\mu_Y = \frac{1}{N} \sum_{i=1}^{N} y_i = \frac{1}{7}(43 + 46 + \ldots + 42 + 43,5) = 44,071$$

Il punto nel grafico di coordinate (μ_X, μ_Y) è detto *baricentro dei dati*, in questo caso (27,143 , 44,071).
Calcoliamo ora devianza e varianza di X, codevianza e covarianza:

$$dev_X = \sum_{i=1}^{N} (x_i - \mu_X)^2 \qquad \sigma^2_X = \frac{1}{N} dev_X$$

$$cod_{XY} = \sum_{i=1}^{N} (x_i - \mu_X)(y_i - \mu_Y) \qquad \sigma_{XY} = \frac{1}{N} cod_{XY}$$

Si ottiene:

$$dev_X = (27,5 - 27,143)^2 + \ldots = 45,857$$

$$\sigma^2_X = \frac{1}{7} 45,857 = 6,551$$

$$cod_{XY} = (27,5 - 27,143)(43 - 44,071) + \ldots = 26,929$$

$$\sigma_{XY} = \frac{1}{7} 26,929 = 3,847$$

Possiamo adesso ricavare i coefficienti di regressione. Il coefficiente angolare della retta è:

$$b = \frac{26,929}{45,857} = 0,587$$

o in alternativa:

$$b = \frac{3,847}{6,551} = 0,587$$

L'intercetta invece risulta:

$$a = 44,071 - 0,587 \cdot 27,143 = 28,132$$

La retta di regressione ha pertanto la seguente equazione:

$$\hat{y}_i = 28{,}132 + 0{,}587 x_i$$

L'intercetta (a) indica che, quando X è nulla, Y è pari a 28,132. In questo caso vorrebbe dire un peso all'incirca di 28 kg quando l'altezza è 0 cm; ciò ha probabilmente poco senso, ma l'intercetta è un indicatore di scarso interesse statistico.

Per quanto riguarda invece il coefficiente angolare (b), innanzitutto ha segno positivo, il che denota una relazione diretta tra X e Y; in effetti, il coefficiente di correlazione lineare e coefficiente angolare hanno lo stesso segno (basta osservare le formule dei due indici per intuirlo). Tenendo conto anche del valore, dall'analisi emerge che un aumento nell'altezza di 1 cm produce in media un aumento nel peso pari a 0,587 kg, oppure, analogamente, quando l'altezza diminuisce di 1 cm, in media il peso diminuisce anch'esso di 0,587 kg.

Un altro modo per ricavare i coefficienti di regressione è dato dal *metodo di Cramer*. Calcoliamo le varie somme richieste nel sistema lineare:

$$\sum_{i=1}^{N} x_i = 27{,}5 + 29 + \ldots + 25 + 24 = 190$$

$$\sum_{i=1}^{N} y_i = 43 + 46 + \ldots + 42 + 43{,}5 = 308{,}5$$

$$\sum_{i=1}^{N} x_i^2 = 27{,}5^2 + 29^2 + \ldots + 25^2 + 24^2 = 5.203$$

$$\sum_{i=1}^{N} x_i y_i = 27{,}5 \cdot 43 + \ldots + 24 \cdot 43{,}5 = 8.400{,}5$$

Sostituiamo:

$$
\begin{cases}
Na + b \sum_{i=1}^{N} x_i = \sum_{i=1}^{N} y_i \\
a \sum_{i=1}^{N} x_i + b \sum_{i=1}^{N} x_i^2 = \sum_{i=1}^{N} x_i y_i
\end{cases}
\Rightarrow
\begin{cases}
7a + 190b = 308{,}5 \\
190a + 5.203b = 8.400{,}5
\end{cases}
$$

Per applicare il metodo di Cramer occorre innanzitutto calcolare il *determinante* della matrice dei coefficienti:

$$D = det \begin{bmatrix} 7 & 190 \\ 190 & 8.400,5 \end{bmatrix} = (7 \cdot 8.400,5) - (190 \cdot 190) = 321$$

Calcoliamo adesso i determinanti delle incognite a e b, sostituendo ai loro coefficienti il vettore dei termini noti:

$$D_a = det \begin{bmatrix} 308,5 & 190 \\ 8.400,5 & 5.203 \end{bmatrix} \qquad D_b = det \begin{bmatrix} 7 & 308,5 \\ 190 & 8.400,5 \end{bmatrix}$$

Si ottiene:

$$D_a = (308,5 \cdot 5.203) - (190 \cdot 8.400,5) = 9.030,5$$
$$D_b = (7 \cdot 8.400,5) - (308,5 \cdot 190) = 188,5$$

Coefficienti di regressione:

$$a = \frac{D_a}{D} = \frac{9.030,5}{321} = 28,132 \qquad b = \frac{D_b}{D} = \frac{188,5}{321} = 0,587$$

Un'ulteriore strada percorribile nella ricerca del valore dei coefficienti di regressione è rappresentata dall'impostazione matriciale. In termini matriciali, il vettore dei coefficienti di regressione (v) costituisce la soluzione del seguente sistema in forma compatta:

$$X^T X v = X^T y$$

Risolvendo rispetto a v, diviene:

$$v = (X^T X)^{-1} X^T y$$

Passando dalla forma compatta a quella esplicita, si ottiene:

$$v = \begin{bmatrix} a \\ b \end{bmatrix} = \left(\begin{bmatrix} 1 & x_1 \\ 1 & x_2 \\ \dots & \dots \\ 1 & x_N \end{bmatrix}^T \begin{bmatrix} 1 & x_1 \\ 1 & x_2 \\ \dots & \dots \\ 1 & x_N \end{bmatrix} \right)^{-1} \begin{bmatrix} 1 & x_1 \\ 1 & x_2 \\ \dots & \dots \\ 1 & x_N \end{bmatrix}^T \begin{bmatrix} y_1 \\ y_2 \\ \dots \\ y_N \end{bmatrix}$$

che in questo caso diventa:

$$v = \begin{bmatrix} a \\ b \end{bmatrix} = \left(\begin{bmatrix} 1 & 27,5 \\ 1 & 29,0 \\ 1 & 28,5 \\ 1 & 31,5 \\ 1 & 24,5 \\ 1 & 25,0 \\ 1 & 24,0 \end{bmatrix}^T \begin{bmatrix} 1 & 27,5 \\ 1 & 29,0 \\ 1 & 28,5 \\ 1 & 31,5 \\ 1 & 24,5 \\ 1 & 25,0 \\ 1 & 24,0 \end{bmatrix} \right)^{-1} \begin{bmatrix} 1 & 27,5 \\ 1 & 29,0 \\ 1 & 28,5 \\ 1 & 31,5 \\ 1 & 24,5 \\ 1 & 25,0 \\ 1 & 24,0 \end{bmatrix}^T \begin{bmatrix} 43,0 \\ 46,0 \\ 44,5 \\ 47,0 \\ 42,5 \\ 42,0 \\ 43,5 \end{bmatrix}$$

La matrice *trasposta* di X (righe e colonne invertite) è:

$$X^T = \begin{bmatrix} 1 & 27,5 \\ 1 & 29,0 \\ 1 & 28,5 \\ 1 & 31,5 \\ 1 & 24,5 \\ 1 & 25,0 \\ 1 & 24,0 \end{bmatrix}^T = \begin{pmatrix} 1 & 1 & 1 & 1 & 1 & 1 & 1 \\ 27,5 & 29,0 & 28,5 & 31,5 & 24,5 & 25,0 & 24,0 \end{pmatrix}$$

Il prodotto tra la matrice X (7x2) e la sua trasposta (2x7):

$$X^T X = \begin{pmatrix} 1 & 1 & 1 & 1 & 1 & 1 & 1 \\ 27,5 & 29,0 & 28,5 & 31,5 & 24,5 & 25,0 & 24,0 \end{pmatrix} \begin{bmatrix} 1 & 27,5 \\ 1 & 29,0 \\ 1 & 28,5 \\ 1 & 31,5 \\ 1 & 24,5 \\ 1 & 25,0 \\ 1 & 24,0 \end{bmatrix}$$

dà origine alla seguente matrice 2x2:

$$\begin{bmatrix} 1 \cdot 1 + \dots + 1 \cdot 1 & 1 \cdot 27,5 + \dots + 1 \cdot 24 \\ 27,5 \cdot 1 + \dots + 24 \cdot 1 & 27,5 \cdot 27,5 + \dots + 24 \cdot 24 \end{bmatrix} = \begin{bmatrix} 7 & 190 \\ 190 & 5.203 \end{bmatrix}$$

Calcoliamo il determinante di questa matrice:

$$det(X^T X) = det \begin{bmatrix} 7 & 190 \\ 190 & 5.203 \end{bmatrix} = (7 \cdot 5.203) - (190 \cdot 190) = 321$$

Il determinante è non nullo (rango pieno), pertanto la matrice è invertibile. Ricaviamo allora la matrice dei *cofattori* (c_{ij}), o *complementi algebrici*, calcolando i determinanti delle sottomatrici ottenute rimuovendo la *i*-esima riga e la *j*-esima colonna dalla matrice di partenza, moltiplicati poi per $(-1)^{i+j}$:

$$c_{11} = det(5.203)(-1)^{1+1} = 5.203$$

$$c_{12} = det(190)(-1)^{1+2} = -190$$

$$c_{21} = det(190)(-1)^{2+1} = -190$$

$$c_{22} = det(7)(-1)^{2+2} = 7$$

Si ottiene la seguente matrice:

$$\begin{bmatrix} c_{11} & c_{12} \\ c_{21} & c_{22} \end{bmatrix} = \begin{bmatrix} 5.203 & -190 \\ -190 & 7 \end{bmatrix}$$

e quindi la sua trasposta (matrice *aggiunta* della matrice dei cofattori), che in questo caso non varia:

$$agg(X^T X) = \begin{bmatrix} c_{11} & c_{12} \\ c_{21} & c_{22} \end{bmatrix}^T = \begin{bmatrix} 5.203 & -190 \\ -190 & 7 \end{bmatrix}^T = \begin{bmatrix} 5.203 & -190 \\ -190 & 7 \end{bmatrix}$$

A questo punto si può ricavare la matrice *inversa*:

$$(X^T X)^{-1} = \frac{1}{det(X^T X)} agg(X^T X)$$

Si ottiene:

$$(X^T X)^{-1} = \frac{1}{321} \begin{bmatrix} 5.203 & -190 \\ -190 & 7 \end{bmatrix} = \begin{bmatrix} 16,2087 & -0,5919 \\ -0,5919 & 0,0218 \end{bmatrix}$$

Per quanto riguarda il prodotto tra la matrice trasposta di X (2x7) e il vettore y (7x1):

$$X^T y = \begin{pmatrix} 1 & 1 & 1 & 1 & 1 & 1 & 1 \\ 27,5 & 29,0 & 28,5 & 31,5 & 24,5 & 25,0 & 24,0 \end{pmatrix} \begin{bmatrix} 43,0 \\ 46,0 \\ 44,5 \\ 47,0 \\ 42,5 \\ 42,0 \\ 43,5 \end{bmatrix}$$

questo dà origine alla seguente matrice 2x1:

$$\begin{bmatrix} 1 \cdot 43 + \dots + 1 \cdot 43,5 \\ 27,5 \cdot 43 + \dots + 24 \cdot 43,5 \end{bmatrix} = \begin{bmatrix} 308,5 \\ 8.400,5 \end{bmatrix}$$

È ora possibile determinare il vettore dei coefficienti di regressione:

$$v = \begin{bmatrix} a \\ b \end{bmatrix} = (X^T X)^{-1} X^T y = \begin{bmatrix} 16,2087 & -0,5919 \\ -0,5919 & 0,0218 \end{bmatrix} \begin{bmatrix} 308,5 \\ 8.400,5 \end{bmatrix}$$

Si ottiene:

$$\begin{bmatrix} 16,2087 \cdot 308,5 + (-0,5919)8.400,5 \\ (-0,5919)308,5 + 0,0218 \cdot 8.400,5 \end{bmatrix} = \begin{bmatrix} 28,132 \\ 0,587 \end{bmatrix}$$

Si può comunque dimostrare che:

$$v = \frac{1}{dev_X} \begin{bmatrix} \frac{1}{N} \sum_{i=1}^{N} x_i^2 & -\mu_X \\ -\mu_X & 1 \end{bmatrix} \begin{bmatrix} N\mu_Y \\ \sum_{i=1}^{N} x_i y_i \end{bmatrix} = \begin{bmatrix} \mu_Y - \frac{\sigma_{XY}}{\sigma^2_X} \mu_X \\ \frac{\sigma_{XY}}{\sigma^2_X} \end{bmatrix} = \begin{bmatrix} a \\ b \end{bmatrix}$$

ESERCIZIO 98

Si conoscono i dati relativi alle variabili peso (in kg) e prezzo (in euro) di 8 diverse tipologie di manubrio per il fitness in commercio (non tutti della stessa marca). I dati sono i seguenti:

x_i	2	5	1	2	3	5	8	2
y_i	6,9	12,0	4,0	5,5	4,5	9,0	14,9	5,9

Ricavare l'equazione della retta di regressione di Y su X e calcolare la bontà di adattamento.

SOLUZIONE

Medie aritmetiche:

$$\mu_X = \frac{1}{N} \sum_{i=1}^{N} x_i = \frac{1}{8}(2 + 5 + \ldots + 8 + 2) = 3,5$$

$$\mu_Y = \frac{1}{N} \sum_{i=1}^{N} y_i = \frac{1}{8}(6,9 + 12 + \ldots + 14,9 + 5,9) = 7,84$$

Devianza e varianza di X:

$$dev_X = \sum_{i=1}^{N} x_i^2 - N\mu_X^2 = 2^2 + 5^2 + \ldots + 8^2 + 2^2 - 8(3,5)^2 = 38$$

$$\sigma^2_X = \frac{1}{N} dev_X = \frac{1}{8}38 = 4,75$$

Codevianza e covarianza:

$$cod_{XY} = \sum_{i=1}^{N} x_i y_i - N(\mu_X \mu_Y) = 2 \cdot 6,9 + \ldots - 8(3,5 \cdot 7,84) = 58,85$$

$$\sigma_{XY} = \frac{1}{N} cod_{XY} = \frac{1}{8}58,85 = 7,36$$

Coefficiente angolare:

$$b = \frac{cod_{XY}}{dev_X} = \frac{58,85}{38} = 1,549$$

o in alternativa:

$$b = \frac{\sigma_{XY}}{\sigma^2{}_X} = \frac{7,36}{4,75} = 1,549$$

L'intercetta risulta:

$$a = \mu_Y - b\mu_X = 7,84 - 1,549 \cdot 3,5 = 2,417$$

La retta di regressione ha pertanto la seguente equazione:

$$\hat{y}_i = 2,417 + 1,549 x_i$$

Per quanto riguarda la *bontà di adattamento* (in inglese *goodness of fit*), questa descrive la capacità del modello di ben rappresentare la relazione tra le variabili; in termini grafici, maggiore è l'accostamento della retta ai dati e più elevata sarà la bontà di adattamento. Per misurare la bontà si ricorre all'*indice di determinazione* (R^2), che, nella regressione lineare, è dato semplicemente dal quadrato del coefficiente di correlazione lineare di Pearson. Pertanto:

$$dev_Y = \sum_{i=1}^{N} y_i{}^2 - N\mu_Y{}^2 = 6,9^2 + \ldots + 5,9^2 - 8(7,84)^2 = 104,52$$

$$\rho_{XY} = \frac{cod(XY)}{\sqrt{dev(X)dev(Y)}} = \frac{58,85}{\sqrt{38 \cdot 104,52}} = 0,934$$

$$R^2 = (\rho_{XY})^2 = (0,934)^2 = 0,872$$

L'indice è di tipo normalizzato, con valori compresi tra 0 e 1: assume valore 0 quando la relazione è assente, assume valore 1 quando vi è perfetta dipendenza di Y da X. In questo caso, l'indice suggerisce che il modello riesce a spiegare il 56,7% della variabilità di Y; il residuo 43,3% del prezzo dipende da altri fattori che non siano il peso (una o più variabili non inserite nella presente analisi).
Per il calcolo dell'indice si può ricorrere anche al coefficiente angolare:

$$R^2 = b^2 \frac{dev_X}{dev_Y} = 1{,}549^2 \frac{38}{104{,}52} = 0{,}872$$

oppure

$$R^2 = b^2 \frac{\sigma^2{}_X}{\sigma^2{}_Y} = b^2 \frac{\sigma^2{}_X}{\frac{1}{N} dev_Y} = 1{,}549^2 \frac{4{,}75}{\frac{1}{8} 104{,}52} = 0{,}872$$

Un altro modo per calcolare l'indice di determinazione è dato dalla *scomposizione della variabilità* della variabile dipendente. Per esempio, relativamente alla devianza di Y (ma potremmo usare anche la sua varianza), questa può essere scissa in due componenti, la *devianza spiegata* (o *di regressione*) e la *devianza residua* (o *di errore*):

$$dev_{TOT}(Y) = dev_{SP}(Y) + dev_{RES}(Y)$$

La devianza spiegata è data dalla somma degli scarti quadratici calcolati con i valori teorici di Y al posto di quelli effettivi:

$$dev_{SP}(Y) = \sum_{i=1}^{N} (\hat{y}_i - \mu_Y)^2$$

mentre la devianza residua è data dalla somma dei residui quadratici:

$$dev_{RES}(Y) = \sum_{i=1}^{N} \hat{e}_i{}^2 = \sum_{i=1}^{N} (y_i - \hat{y}_i)^2$$

Ricaviamo i valori teorici di Y, quelli sulla retta di regressione:

$$\hat{y}_i = a + bx_i$$

Si ottiene:

$$\hat{y}_1 = a + bx_1 = 2{,}417 + 1{,}549 \cdot 2 = 5{,}51$$

$$\hat{y}_2 = a + bx_2 = 2{,}417 + 1{,}549 \cdot 5 = 10{,}16$$

$$\hat{y}_3 = a + bx_3 = 2{,}417 + 1{,}549 \cdot 1 = 3{,}97$$

$$\hat{y}_4 = a + bx_4 = 2{,}417 + 1{,}549 \cdot 2 = 5{,}51$$

$$\hat{y}_5 = a + bx_5 = 2{,}417 + 1{,}549 \cdot 3 = 7{,}06$$

$$\hat{y}_6 = a + bx_6 = 2{,}417 + 1{,}549 \cdot 5 = 10{,}16$$

$$\hat{y}_7 = a + bx_7 = 2{,}417 + 1{,}549 \cdot 8 = 14{,}81$$
$$\hat{y}_8 = a + bx_8 = 2{,}417 + 1{,}549 \cdot 2 = 5{,}51$$

Devianza spiegata:

$$dev_{SP}(Y) = (5{,}51 - 3{,}5)^2 + \ldots + (5{,}51 - 3{,}5)^2 = 91{,}14$$

Rapportando la devianza spiegata a quella totale si ottiene l'indice R^2:

$$R^2 = \frac{dev_{SP}(Y)}{dev_{TOT}(Y)} = \frac{91{,}14}{104{,}52} = 0{,}872$$

È comunque possibile usare la devianza residua per ricavare l'indice di determinazione. Ricaviamo i residui:

$$\hat{e}_1 = y_1 - \hat{y}_1 = 6{,}9 - 5{,}51 = 1{,}39$$
$$\hat{e}_2 = y_2 - \hat{y}_2 = 12 - 10{,}16 = 1{,}84$$
$$\hat{e}_3 = y_3 - \hat{y}_3 = 4 - 3{,}97 = 0{,}03$$
$$\hat{e}_4 = y_4 - \hat{y}_4 = 5{,}5 - 5{,}51 = -0{,}01$$
$$\hat{e}_5 = y_5 - \hat{y}_5 = 4{,}5 - 7{,}06 = -2{,}56$$
$$\hat{e}_6 = y_6 - \hat{y}_6 = 9 - 10{,}16 = -1{,}16$$
$$\hat{e}_7 = y_7 - \hat{y}_7 = 14{,}9 - 14{,}81 = 0{,}09$$
$$\hat{e}_8 = y_8 - \hat{y}_8 = 5{,}9 - 5{,}51 = 0{,}39$$

Per fare un esempio, sappiamo che il prezzo del primo manubrio è € 6,90, ma lo stesso, previsto in funzione del peso nel modello, risulta € 5,51, con una differenza di € 1,39, che ne rappresenta l'errore di previsione (residuo). Possiamo adesso calcolare la devianza residua:

$$dev_{RES}(Y) = 1{,}39^2 + 1{,}84^2 + \ldots + 0{,}09^2 + 0{,}39^2 = 13{,}38$$

Indice di determinazione:

$$R^2 = 1 - \frac{dev_{RES}(Y)}{dev_{TOT}(Y)} = 1 - \frac{13{,}38}{104{,}52} = 0{,}872$$

Come noto:

$$dev_{TOT}(Y) = dev_{SP}(Y) + dev_{RES}(Y)$$

ESERCIZIO 99

Siano X e Y due variabili quantitative, e siano date inoltre le seguenti rette interpolanti:

$$\hat{y}_i = 0{,}792 + 0{,}458x_i \qquad \hat{x}_i = 1{,}826 + 0{,}957y_i$$

Calcolare l'indice di determinazione.

SOLUZIONE

Se ricorriamo a un modello di regressione lineare semplice, allora è nota - o almeno ipotizzata - una relazione di tipo funzionale tra una variabile quantitativa dipendente ed una esplicativa. A livello statistico, la retta di regressione che ci interessa è dunque una (perché è uno il nesso di causa-effetto, accertato o ipotizzato), ma sul piano geometrico le possibili rette dei minimi quadrati sono due:

$$\hat{y}_i = a + bx_i \qquad \hat{x}_i = c + dy_i$$

Date le due rette interpolanti, nella regressione lineare l'indice di determinazione è pari anche al prodotto dei coefficienti angolari delle due rette:

$$R^2 = bd$$

dal momento che il coefficiente di correlazione lineare di Pearson è pari anche alla media geometrica dei coefficienti angolari:

$$\sqrt{bd} = \sqrt{\frac{\sigma_{XY}}{\sigma^2_X}\frac{\sigma_{XY}}{\sigma^2_Y}} = \sqrt{\frac{(\sigma_{XY})^2}{\sigma^2_X\sigma^2_Y}} = \frac{\sigma_{XY}}{\sigma_X\sigma_Y} = \rho_{XY}$$

Pertanto:

$$R^2 = 0{,}458 \cdot 0{,}957 = 0{,}438$$

ESERCIZIO 100

Si consideri la seguente serie storica del prezzo (in euro) di un certo prodotto in commercio (sia X la variabile anno e Y la variabile prezzo):

x_i	2000	2001	2002	2003	2004	2005	2006
y_i	53,90	54,90	53,90	50,00	48,10	47,50	45,00

Estrapolare il prezzo del prodotto per l'anno 2007 ricorrendo a un opportuno modello di regressione.

SOLUZIONE

Osserviamo il diagramma di dispersione:

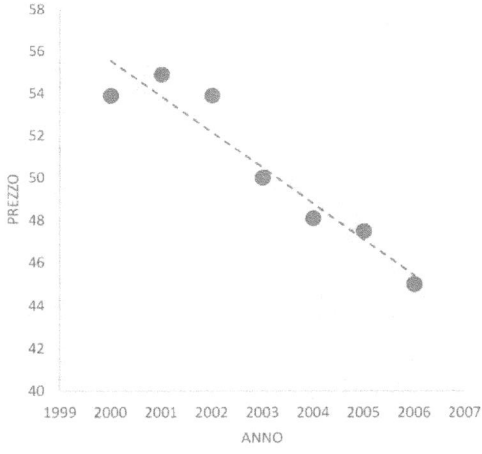

I punti nel grafico mostrano una buona approssimazione lineare. Ricorriamo allora a un modello di regressione lineare semplice.
Il periodo considerato consta di 7 anni, dal 2000 al 2006. Per velocizzare i calcoli, trasformiamo la serie assegnando valore 0 all'anno 2000 (tempo 0), 1 all'anno (2001) e così via (*traslazione*). La serie modificata è:

x_i	0	1	2	3	4	5	6
y_i	53,90	54,90	53,90	50,00	48,10	47,50	45,00

Medie aritmetiche:

$$\mu_X = \frac{1}{N}\sum_{i=1}^{N} x_i = \frac{1}{7}(0 + 1 + 2 + 3 + 4 + 5 + 6) = 3$$

$$\mu_Y = \frac{1}{N}\sum_{i=1}^{N} y_i = \frac{1}{7}(53{,}9 + 54{,}9 + \ ... \ + 47{,}5 + 45) = 50{,}471$$

Devianza e varianza di X:

$$dev_X = \sum_{i=1}^{N} x_i{}^2 - N\mu_X{}^2 = 0^2 + 1^2 + \ ... \ + 5^2 + 6^2 - 7(3)^2 = 28$$

$$\sigma^2{}_X = \frac{1}{N}dev_X = \frac{1}{7}28 = 4$$

Codevianza e covarianza:

$$cod_{XY} = \sum_{i=1}^{N} x_i y_i - N(\mu_X \mu_Y) = 0 \cdot 53{,}9 + \ ... \ - 7(3 \cdot 50{,}471)$$

$$= -47{,}3$$

$$\sigma_{XY} = \frac{1}{N}cod_{XY} = \frac{1}{7}(-47{,}3) = -6{,}757$$

Coefficiente angolare:

$$b = \frac{cod_{XY}}{dev_X} = \frac{-47{,}3}{28} = -1{,}689$$

o in alternativa:

$$b = \frac{\sigma_{XY}}{\sigma^2{}_X} = \frac{-6{,}757}{4} = -1{,}689$$

L'intercetta risulta:

$$a = \mu_Y - b\mu_X = 50{,}471 - (-1{,}689)3 = 55{,}539$$

La retta di regressione ha pertanto la seguente equazione:

$$\hat{y}_i = 53{,}539 - 1{,}689 x_i$$

Per quanto riguarda l'*estrapolazione* statistica, questa si differenzia dall'*interpolazione* per il fatto che il valore teorico di Y ricercato cade al di fuori dell'intervallo di valori X; in effetti, il periodo osservato va dal 2000 al 2006, e ci è richiesta una proiezione per il 2007. Per estrapolare il prezzo è sufficiente sostituire il valore 7 (indicativo dell'anno 2007, nella serie trasformata) nell'equazione della retta interpolante:

$$\hat{y}_7 = a + bx_7 = 53{,}539 - 1{,}689 \cdot 7 = €\, 43{,}714$$

Appendice 1: Concetti affrontati nel testo

In ordine alfabetico:

Ampiezza della classe
Asimmetria negativa
Asimmetria positiva
Associatività della media
Associazione perfetta
Bontà di adattamento
Boxplot
Cambiamento di base
Campo di variazione
Carattere statistico
Carattere statistico quantitativo trasferibile
Classe mediana
Classe modale
Classi aperte
Classi di modalità
Classi equiampie
Classi non equiampie
Codevianza
Coefficiente angolare
Coefficiente C di Gini
Coefficiente di correlazione lineare di Pearson
Coefficiente di regressione
Coefficiente di variazione
Cograduazione tra graduatorie
Collettivo
Concentrazione
Concordanza
Connessione
Consistenza media
Contingenza
Correlazione lineare diretta
Correlazione lineare inversa
Covarianza
Curtosi
Curva di Lorenz

Curva leptocurtica
Curva mesocurtica
Curva normale
Curva platicurtica
Dato grezzo
Decile
Densità di frequenza
Densità di popolazione
Devianza
Devianza condizionata
Devianza entro i gruppi
Devianza residua
Devianza spiegata
Devianza tra i gruppi
Deviazione mediana assoluta
Deviazione standard
Diagramma di dispersione
Diagramma di Kiviat
Differenza interquartilica
Differenza media quadratica con ripetizione
Differenza media quadratica senza ripetizione
Differenza media semplice con ripetizione
Differenza media semplice senza ripetizione
Dipendenza
Dipendenza in media
Discordanza
Discretizzazione
Dispersione
Disposizioni con ripetizione
Disposizioni senza ripetizione
Distribuzione di frequenza
Distribuzione di quantità
Distribuzione doppia di frequenza
Distribuzione statistica
Distribuzione unitaria
Estrapolazione lineare
Estremo inferiore della classe
Estremo superiore della classe
Eterogeneità
Flusso medio

Forma
Formula dei trapezi
Forza lavoro
Frequenza assoluta
Frequenza condizionata
Frequenza congiunta
Frequenza empirica
Frequenza marginale
Frequenza percentuale
Frequenza relativa
Frequenza teorica
Frequenze cumulate
Frequenze retrocumulate
Frequenze semplici
Funzione di perdita
Grafico a barre orizzontali
Grafico a barre verticali
Grafico a ciambella
Grafico a colonne
Grafico a linee
Grafico a nastri
Grafico a torta
Grafico ad anello
Grafico in coordinate polari
Grafico radar
Grafico ragnatela
Grafico ragno
Grafico stella
Indice asimmetrico di connessione
Indice chi quadro di Pearson
Indice dei prezzi di Fisher
Indice dei prezzi di Laspeyres
Indice dei prezzi di Paasche
Indice delle quantità di Fisher
Indice delle quantità di Laspeyres
Indice delle quantità di Paasche
Indice di asimmetria di Fisher
Indice di asimmetria di Pearson
Indice di asimmetria di Yule e Bowley
Indice di connessione di Mortara

Indice di contingenza quadratica media
Indice di curtosi di Fisher
Indice di curtosi di Pearson
Indice di determinazione
Indice di entropia di Shannon
Indice di eterogeneità di Gini
Indice di valore
Indice gamma di Goodman e Kruskal
Indice normalizzato
Indice relativo
Indice rho di Spearman
Indice T di Tschuprow
Indice V di Cramér
Indice τb di Kendall
Indici lamba di Goodman e Kruskal
Indipendenza
Intercetta
Interdipendenza
Interpolazione lineare
Intervallo di variabilità
Istogramma
Linearità della media
Matrice aggiunta
Matrice dei cofattori
Matrice di correlazione
Matrice di disuguaglianza
Matrice inversa
Matrice trasposta
Matrice varianza-covarianza
Media analitica
Media aritmetica
Media aritmetica ponderata
Media armonica
Media armonica ponderata
Media condizionata
Media di posizione
Media geometrica
Media geometrica ponderata
Media quadratica
Media quadratica ponderata

Media troncata
Mediana
Metodo dei minimi quadrati
Metodo di Cramer
Moda
Modalità
Modello di regressione lineare semplice
Mutua variabilità
Numero indice complesso
Numero indice semplice a base fissa
Numero indice semplice a base mobile
Numero naturale
Numero reale
Omogeneità (del collettivo)
Omogeneità della media
Percentile
Piano cartesiano
Popolazione statistica
Processo di conteggio
Processo di misurazione
Punto Z
Quantile
Quartile
Quintile
Rango
Rapporto di coesistenza
Rapporto di composizione
Rapporto di concentrazione di Gini
Rapporto di correlazione
Rapporto di densità
Rapporto di derivazione
Rapporto di durata
Rapporto di femminilità
Rapporto di mascolinità
Rapporto di rinnovo
Rapporto statistico
Regressione lineare
Regressore
Relazione funzionale
Residuo

Retta di regressione lineare semplice
Riduzione proporzionale nell'errore
Scarto
Scomposizione della variabilità
Scomposizione delle cause
Scostamento medio semplice dalla media aritmetica
Scostamento medio semplice dalla mediana
Semidifferenza interquartilica
Serie storica
Simmetria
Sintesi a 5
Sistema di equazioni normali
Spezzata di regressione
Standardizzazione
Tabella di contingenza
Tabella di indipendenza
Tasso di disoccupazione
Tasso di mortalità
Tasso di natalità
Tasso di rendimento medio annuo
Teorema di Chebyshev
Teorema di Markov
Traslatività della media
Traslazione dell'asse
Unità elementare
Unità statistica
Valore anomalo inferiore
Valore anomalo superiore
Valore centrale di classe
Valore massimo della distribuzione
Valore minimo della distribuzione
Variabile statistica
Variabile statistica quantitativa
Variabile statistica qualitativa
Variabile statistica qualitativa nominale
Variabile statistica qualitativa ordinale
Variabile statistica qualitativa rettilinea
Variabile statistica qualitativa ordinale ciclica
Variabile statistica qualitativa sconnessa
Variabile statistica quantitativa continua

Variabile statistica quantitativa discreta
Variabilità
Varianza
Varianza condizionata
Varianza entro i gruppi
Varianza tra i gruppi
Variazione assoluta
Variazione percentuale
Variazione relativa
Ventile

Appendice 2: Tutti i libri dell'autore

Tutti i seguenti volumi possono essere ricercati e acquistati su Amazon (qui riportati in ordine di pubblicazione):

Eserciziario di Statistica, vol. 1

2021

COVID-19
la pandemia che ha dato i numeri

2021

Formulario di Statistica, vol. 1

2021

**Eserciziario di Statistica, vol. 1
+ Formulario**

2021

Eserciziario di Statistica, vol. 2

2022

Formulario di Statistica, vol. 2

2022

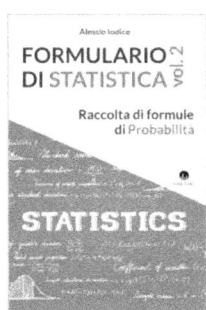

Eserciziario di Statistica, vol. 2
+ Formulario

2022

Ti ringrazio ancora una volta per aver acquistato questo libro,
spero ti sia stato di aiuto.
Ti ricordo che hai la possibilità di farmi sapere
la tua opinione sul volume, lasciandomi una recensione,
cosa che apprezzerei davvero molto.
Grazie a prescindere.

Alessio Iodice